海岸带遥感监测评价方法与应用

张 英 乔庆华 刘 佳 刘玉安 翟 亮 等著

气象出版社

China Meteorological Press

内 容 简 介

本书面向海岸带地表资源保护与开发利用格局和过程,融合高分辨率遥感数据特点,构建了海岸带遥感监测技术方法和分析体系。全书分为上下两篇,上篇着重讨论遥感提取和监测技术,主要包括海岸线自动提取、海岸带地表覆盖分类、典型要素提取三个方面的技术与效果评价。下篇侧重方法实践和区域变化重点分析,着重探讨了 2000—2015 年中国大陆岸线变迁过程,近年来海岸带主要地表覆盖类型变化以及典型要素(养殖池、风力发电站、光伏发电站、红树林)的发展变化过程,为海岸带资源开发利用及保护提供信息支撑。

本书可供海洋、地理、测绘、遥感和地理信息系统等相关科研人员、教师和研究生等阅读参考。

图书在版编目(CIP)数据

海岸带遥感监测评价方法与应用 / 张英等著. -- 北
京 : 气象出版社, 2023.4
  ISBN 978-7-5029-7968-3

Ⅰ. ①海… Ⅱ. ①张… Ⅲ. ①卫星遥感－应用－海岸
带－海岸变迁－监测－研究－中国 Ⅳ. ①P737.15

中国国家版本馆CIP数据核字(2023)第079816号

海岸带遥感监测评价方法与应用

Haiandai Yaogan Jiance Pingjia Fangfa yu Yingyong

出版发行:气象出版社

地　　址:北京市海淀区中关村南大街 46 号		邮政编码:100081
电　　话:010-68407112(总编室)　010-68408042(发行部)		
网　　址:http://www.qxcbs.com	**E - m a i l**:qxcbs@cma.gov.cn	
责任编辑:蔺学东　毛红丹	终　　审:张　斌	
责任校对:张硕杰	责任技编:赵相宁	
封面设计:北京地大彩印设计中心		
印　　刷:北京中石油彩色印刷有限责任公司		
开　　本:787 mm×1092 mm　1/16	印　　张:6.25	
字　　数:160 千字		
版　　次:2023 年 4 月第 1 版	印　　次:2023 年 4 月第 1 次印刷	
定　　价:50.00 元		

前　言

　　海岸带作为陆地和海洋的交接地带,是陆地系统与海洋系统相连接、交叉和复合的地理单元,是资源条件最丰富和区位优势最明显的自然区域。海岸带作为跨圈层相互作用的界面,是地球系统科学研究的极佳切入点,其变化机制已经成为人类探索自然的热点和关切未来的突破口。对海岸带及其土地利用变化的分析研究体现了陆-海-人三大系统交互作用的动力机制,成为全球许多国家和学术界广为关注和研究的热点问题之一。有关国际组织针对海岸带区域发起了一系列重要的研究及行动计划,例如,LOICZ(Land-Ocean Interactions in the Coastal Zone,沿海地区陆-海相互作用)、JGOFS(Joint Global Ocean Flux Study,全球海洋通量联合研究)、SUCOZOMA(Sustainable Coastal Zone Management,可持续海岸带管理)、GPA(the Global Program of Action for the Protection of the Marine Environment from Land-Based Activities,保护海洋环境免受陆上活动污染全球行动纲领)等,同时 IGBP(International Geosphere-Biosphere Program,国际地圈-生物圈计划)和 IHDP(International Human Dimension Programme,国际人文维度计划)都把海岸带陆-海作用(LOICZ)作为重要的子计划。

　　海岸带经济社会发达,全球 60% 的人口汇集于海岸带,人口超过 160 万的城市有 2/3 位于海岸带,人类活动对海岸带环境和生态的影响极为深刻。随着社会经济不断加速发展,人们对海岸带的大规模土地资源开发利用活动,使得海岸带面临的压力越来越大,出现了一系列土地资源和生态环境问题,主要包括:海岸线的无序开发、围填海无节制发展、资源不合理利用、自然湿地严重损失、生物多样性下降、环境污染严重和生态系统服务功能减弱等。

　　中国海岸线漫长,资源丰富、区位优越、人口集聚、经济发达。长期以来,东部沿海区域在我国经济社会快速发展过程中扮演了“动力引擎”的角色。与此相应,急剧的岸线开发和扰动过程导致了一系列的资源、环境、生态和灾害问题,对中国当前及未来的海岸带综合管理乃至沿海经济社会可持续发展形成了极为严峻的挑战。为此,国务院下发了一系列关于推进生态文明建设和滨海湿地保护的文件,如《关于加强滨海湿地保护严格管控围填海的通知》,对海岸线及两侧生态环境提出一系列管控措施和约束目标。这些目标的实现和管控,迫切需要及时、准确、高效地掌握海岸线、海岸带地表覆盖等信息。

　　由此,近十年来我们致力于探讨海岸带遥感与传统陆地遥感的区别与传承,融合海岸带的属性和遥感技术能力,致力于海岸带遥感分类与提取、海岸带遥感分析与评估方面的研究,力图从空间、时间、力度、强度和综合等概念出发,开展海岸带时空分异的遥感评估工作,重点研究人类在这一特殊空间范围内开发利用的累积、改变、速度和力量,反映人类活动对自然的扰动。

　　为此,围绕海岸带遥感监测核心问题,我们从技术和应用实践层面开展研究探讨,积累了海岸线遥感自动提取、地表覆盖准确分类、典型要素智能提取等相关技术,形成了海岸线变迁、海岸带地表覆盖变化、典型要素空间转移等系列分析成果。在此将工作总结呈现,以推动海岸带遥感监测从整体监测走向空间评价,从单一功能评价到区域综合功能评价。具体操作上,将海岸抽象为海岸线(轴)和海岸带区域(面)、典型要素(面)三种评估对象,抓住岸线性质改变和位移、岸带区域利用方式和强度变化、典型要素的空间转移三个方面来完成对海岸的监测评估工作,特别是将时间演变作为评估的参数和目标,以强调海岸带开发、状态和生态服务的过程性。

全书分为上下两篇,共计 8 章。上篇着重讨论遥感提取和监测技术,下篇侧重方法实践和区域变化重点分析。第 1 章探讨了海岸线自动提取技术与精度评价实践;第 2 章讨论多期变化岸线的匹配技术,解决变化前后岸段的准确识别与对应关系匹配;第 3 章从海岸带特点出发,结合遥感技术能力,讨论海岸带遥感分类体系和基于高分辨率遥感影像的高精度分类技术方法;第 4 章引入深度学习模型,讨论海岸带典型要素(养殖、红树林、风力发电站)的模型适应与改进;第 5 章从岸线这一轴心出发,对我国大陆岸线 2000—2015 年的演变进行了深入分析,并对变化属性位置程度进行了量化分析;第 6 章从海岸带区域面整体出发,分析了 2015—2018 年中国沿海省(区、市)县域范围海岸带地表覆盖的整体变迁过程,并着重分析了重要地类的发展演变规律;第 7 章面向海岸带典型要素(养殖池、风力发电站、光伏发电站、海南岛红树林),分析 2015—2019 年的变化规律,反映海岸经济开发和资源保护进程;第 8 章为结论与展望,总结区域分析结果的基础上,对遥感技术与遥感图像处理技术进行了展望。

全书由张英统稿完成,其中第 1 章由原小惠和张英合作撰写;第 2 章由成思远、张英和翟亮合作撰写;第 3 章由张英和孙俊娇共同撰写;第 4 章由张英、郝才斐和甘霖合作撰写;第 5 章由张英和李宁合作撰写;第 6 章和第 7 章由张英、乔庆华、刘佳、刘玉安、谷祥辉、刘晓娟等合作撰写完成;第 8 章由张英、刘佳共同撰写。本书的研究工作得到原国家测绘局和自然资源部的大力支持,得到了张继贤、刘纪平、李维森、苏奋振等多位专家的指导和建议,在此表示由衷感谢。本书错漏或偏颇之处,敬请读者批评指正。

张英

2022 年 10 月

于中国测绘科学研究院

目 录

上篇

海岸带遥感监测技术方法

　　海岸带快速变化的客观现实与卫星遥感高频同步的获取能力相契合，推动了遥感技术在海岸带利用监测的应用发展，也催生了海岸带遥感技术处理方法的产生。本篇囊括了海岸线遥感提取和变化位置匹配、海岸带地表覆盖分类和典型要素提取，技术方法上覆盖了图像处理技术、图像分类技术、深度学习技术等，本篇布局分为4章。第1章探讨海岸线遥感提取的技术方法，第2章探讨海岸线变化位置快速匹配的方法；第3章研讨面向对象的海岸带地表覆盖遥感分类技术方法；第4章探讨海岸带典型要素识别与提取的深度学习算法适应性改进。

　　本篇目的是通过太空之遥的高分辨率遥感卫星获得海岸带精准的空间利用状况，其中分类系统是关键，恰当的分类方法和分类体系能够充分利用海岸和遥感的特性，获得所需要的海岸带空间分异特征。正如韩非子所言，"远见而明察"，是为明察篇。

第1章 海岸线遥感提取技术

海岸线是平均大潮高潮的痕迹线,具有独特的地理、形状和动态特征,是描述海陆分界的最重要的地理要素,承载着丰富的生态、环境和资源信息,对海岸带的生态环境和生态系统有着重要的指示作用。海岸线的空间摆动与属性变化反映海岸带侵蚀—淤积过程的转变以及人类开发利用和保护海岸线的方式与动态过程,监测海岸线变化是研究海岸带环境与生态变迁的有效途径。本章节重点探讨利用遥感图像处理技术,实现海岸线自动提取,并通过实例探讨提取技术存在的局限性。

1.1 海岸线遥感提取研究进展

海岸是陆地向海洋的过渡地带,蕴含着丰富的资源环境信息,是开发利用海洋资源的前沿阵地。海岸线是指多年大潮平均高潮位时的海陆分界线,作为海陆分界的指示,其形态和结构直接受到海岸开发的影响。同时,海岸线的时空变化能够反映海岸开发利用的空间分异情况,对海岸的开发利用过程中可能出现的问题也是一种间接的指示。因此,监测海岸线的动态变化,对沿海地区海岸资源的可持续开发利用、海岸线的有效保护、海岸带环境与生态变迁尤为重要。

海岸线提取是一项基础性的工作,在更新地图、船舶导航、资源管理、地形反演以及岸滩稳定性监测方面都具有重要意义。卫星遥感对地观测系统以其宏观、准确和实时等诸多优点已在资源调查、环境监测、防灾减灾等众多领域中发挥着越来越重要的作用。利用遥感信息技术监测水质变化、海岸线变化以及洪涝灾害等已在十几年里得到广泛的应用。

国内外学者对海岸线遥感解译方法进行了诸多研究,提出了阈值分割法、边缘检测法、区域增长法和面向对象法等。阈值分割法主要依据水体辐射反射率在近红外波段低于其他地物的原理,选择合适的阈值分离水体和非水体地物,方法简单易操作,是常用的海岸线提取方法之一。边缘检测法主要利用 Canny、Soble、Laplace-Gauss、Prewitt 和 Roberts 等核心算子对遥感影像中的水陆边缘进行检测提取海岸线。其中 Canny 算子在一阶偏导算子中提取海岸线的效果最好,是评价其他边缘检测方法的标准。区域增长法通常是给定一个典型的海域种子点,然后以该点为中心进行扩张,得到所有与该点连通且灰度值近似的像素点,最后对包含这些像素点的连通区域进行轮廓跟踪,从而得到海岸线。虽然该方法能获得连续的海岸线,但同样面临着阈值选择主观性的问题。面向对象的分类方法是将影像对象作为分析的基本单元,以自然对象为出发点,根据对象的几何特征、光谱特征以及对象间的语义关系将图像分割成为一个个在光谱、纹理和空间组合关系等特征上"同质均一"的单元。然后对小的多边形对象进行分类融合,形成一个海域多边形和一个陆域多边形对象,通过提取多边形的交界线来提取海岸线。面向对象分类时不仅考虑地物的光谱信息,而且兼顾几何信息和拓扑信息,在遥感影像分类中优势明显。近年来,基于 InSAR 的处理方法开始用于海岸线提取,如 Dellepiane

等(2004)提出了基于模糊连通性和一致性度量的 InSAR 海岸线提取方法。

　　我国大陆岸线漫长曲折,海岸带区域利用方式多样,全面掌握海岸线的时空分布变化需要处理大批量的遥感影像,工作量巨大。因此,需要加强对海岸线提取完整性和准确性的研究。本章节探讨 Canny 算子和面向对象相结合的方法来提取海岸线的技术可能性与局限性。

1.2　海岸线自动提取方法设计

　　通过引入 Canny 算子参与多尺度分割,提高海陆分割均一完整度,并利用光谱特征、几何特征、空间关系特征组合,利用面向对象分类方法,对海岸带地物进行分类,并对海陆地物分别合并,达到海岸线自动提取的目的。具体的流程为:近红外波段的 Canny 算子边缘检测结果作为权重之一,将影像在特定尺度下进行分割,分割为“同质均一”的对象,分别计算对象的光谱特征、几何特征、空间关系特征,根据特征组合对海岸带地物进行分类,合并海、陆,实现海岸线自动提取(图 1.1)。

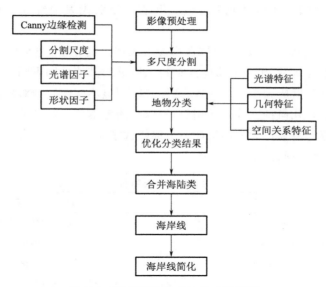

图 1.1　海岸线自动提取技术路线图

1.2.1　Canny 算子参与分割

　　近红外波段位于水体的强吸收区,水体区分度较高,适合用于水体边界提取。为提高海面的分割精度,进而提高海岸线的提取精度,对近红外波段进行 Canny 算子边缘检测。边缘检测的思路是,首先利用 Canny 算子对影像进行平滑运算,然后计算每一点的边缘和梯度方向。边缘点在梯度上强度最大,在梯度影像上存在脊,通过追踪脊的顶部并压制脊像素阈值 T_1 和 T_2,令 $T_1 < T_2$,弱边缘像素位于 T_1 和 T_2 之间,强边缘像素的阈值大于 T_2,弱边缘像素转变成强边缘像素即边缘连接。

　　把边缘检测结果作为一个新波段参与到多尺度分割,实现“同质均一”地物的图像分割。多尺度分割时,影像对象多边形的大小和数量随分割尺度的调整而变化。分割尺度越大,所生成的对象多边形面积就越大,且数目越小,所需时间越短,然而会忽视细节体现,可以进行大目标类别的提取,如植被、海水、湖泊等;小尺度分割生成的对象多边形面积较多,数量大,所耗时间也较长,可以更好地区分细节,主要应用于建筑物等小目标的分类。为了更精细地提取海岸线,分割尺度选择应该尽量小。影像分辨率越低,形状权重宜小不宜大。具体的分割参数应结合定性分析与优度实验结果来确定。

1.2.2　分类特征选择

海岸线提取离不开水体范围、界线的准确提取,因而引入水体指数,作为区分水体和其他地物的特征参数。徐涵秋(2005)在 McFeeters 提出在归一化水体指数(Normalized Difference Water Index,NDWI)基础上进行修改得到的修复归一化水体指数(Modified Normalized Difference Water Index),能够有效地揭示水体微细特征,如悬浮沉积物的分布、水质的变化。对于泥沙质海岸的应用效果更好。因此,本研究尝试引入该指数作为水体的重要特征参数。数学表达式为:

$$M_{NDWI} = (X_G - X_{MIR})/(X_G + X_{MIR}) \tag{1.1}$$

式中,M_{NDWI} 代表修复归一化水体指数,X_{MIR} 和 X_G 分别代表中红外波段和绿光波段的反射率。

在 M_{NDWI} 特征值的灰度图像上,水体在影像上表现出高亮度,非水体部分表现出低亮度,这样容易区分出陆地与水域;植被的影像光谱特征明显与其他类别不同。

人工构筑物在分割后成为细长的一条,几何特征明显不同于其他对象。小水域、河流和海水无论是光谱特征还是几何特征都非常相似,所以只能考虑使用空间关系特征加以区分;选择地物类别区分度较好的特征作为分类特征。最终筛选了 11 个分类特征(表 1.1),其中光谱特征 4 个,几何特征 5 个,空间关系特征 2 个。

表 1.1　分类特征

内容	特征	定义
光谱特征	Mean Layer n	第 n 波段图像上对象的平均灰度值
	Standard Deviation Layer n	第 n 波段图像上对象的标准差
	NDVI	归一化植被指数
	M_{NDWI}	修复归一化水体指数
几何特征	Length	影像对象的长度
	Shape Index	形状指数
	Companess	影像对象的紧致度
	Area	影像对象中像素的面积
	Length/Width	影像对象的长宽比
空间关系特征	Mean Diff to Neighbors Layer n	对象与相邻的对象平均灰度值的差值
	Rel. Border to Brighter Objects Layer n	对象和比之亮的对象公共边界与边界长度比值

1.2.3　海陆分类与海岸线平滑处理

提取海岸线,重点是区分陆地和海域,但影像上区分度明显的地物类型应先独立分类再合并。考虑图像特征,建立分类指标体系,分为海水、林草覆盖、房屋建筑区、小水域、人工养殖池、淤泥六类,选用合适的分类方法进行自动分类。并建立规则查找闭合类,找出被海水包围的对象归为海水类,纠正被错分为小水域的海水对象,将海水和淤泥合并,将其赋为海域类,将小水域、围填海、植被和人工构筑物合并,纠正错分的对象,赋为陆域类。陆域类和海域类交界处便是海岸线。

  面向对象分类的基础是进行影像分割,每一个分割后的对象都具有锯齿状边缘,海岸线提取与分类均是在具有锯齿状边缘的对象的基础上完成,最后形成的海岸线也是呈锯齿状分布,存在一些不必要的节点,需要对海岸线进行简化与平滑。海岸线简化与平滑是指在不破坏线状要素的基本形状的前提下,移除一些不必要的折弯、小的凹进与凸出,采用较常使用的道格拉斯-普克法对分类后的海岸线进行简化与平滑。这是一种用于简化线的便捷算法,用于保留所有构成线要素的基本形状的关键点而移除其他点。其基本原理是假设一条曲线段是由若干条首尾相接的直线段构成,将这条曲线段首尾端点连接形成一条直线,即趋势线,测量每个节点到趋势线的距离,将小于容差的折点删除。曲线段最先在距离趋势线最远点的折点处断开,从而构成两条新的趋势线,然后再测量剩余节点到这两条趋势线的垂直距离,重复迭代过程持续至与趋势线距离小于容差的所有折点全部删除为止,最终得到平滑后的海岸线。

1.3 海岸线遥感提取技术实践与精度评价

1.3.1 试验区概况

  试验区位于胶东半岛,地处山东省东部,西接内陆,三面环海,是山东省沿海地区的重要组成部分。该区域岸线曲折,岬湾交错,岛屿众多;自然岸线及人工岸线种类丰富,有多个围海养殖区,并分布水库、河流等。遥感影像为 2015 年 9 月 27 日 Landsat ETM 卫星数据,经过辐射定标、大气校正、几何校正、图像裁剪等预处理后的影像近红外波段、红光波段、绿光波段的值分别赋予 R、G、B,得到试验区假彩色影像如图 1.2 所示。

图 1.2 试验区假彩色合成影像

1.3.2　海岸线遥感提取

首先对研究区图像进行分割,参数设置如下:分割尺度为150,光谱因子权重为0.9,形状因子为0.1,光滑度与紧致度权重均为0.5,Canny边缘检测算子的权重为2,其余波段参与权重为1,使用 eCognition Developer 8.7 工具对试验区影像进行分割。结果显示,边缘检测未参与分割时,海水和养殖区混分成一个单元,而将边缘检测纳入分割要素,可以将养殖区从海水中分割出来,能够有效避免海域与养殖区混分的问题(图1.3)。利用邻近距离法,对试验区海陆地物进行分类,并将海陆分别合并后的结果如图 1.4a 和图 1.4b 所示,按照海陆边界提取并平滑处理后得到海岸线数据如图 1.4c 亮白色所示。

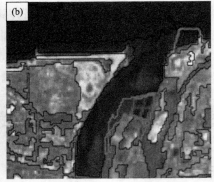

图 1.3　Canny 算子参与(a)和不参与(b)分割局部效果对照

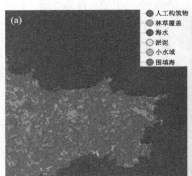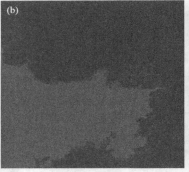

图 1.4　地物分类及海岸线提取结果

(a)分类结果;(b)海陆合并结果;(c)海岸线提取结果

通过与第一次地理国情普查成果对照发现,海陆分类精度高达 0.975 以上,海域的平均分类精度达到1,海岸线作为海域和陆域两类地物的分界线,海陆分类精度越高,海岸线的自动提取精度越高(表1.2)。

表 1.2　分类精度评价结果

类别	对象	平均精度	标准差	最小值	最大值
海域	1	1	0	1	1
陆域	1	0.98	0	0.98	0.98

1.3.3　海岸线提取精度评价

通过将提取海岸线与第一次地理国情普查地表覆盖分类合并后的海陆分界线（作为参考海岸线）进行对照，对照结果如图 1.5 所示，其中亮白色为自动提取海岸线，暗灰色为参考海岸线。提取海岸线与参考海岸线基本吻合，提取效果整体较好。但在淤泥岸线处，自动提取算法存在一定误差，两者的偏差半径基本保持在 3 个像元（90 m）内。

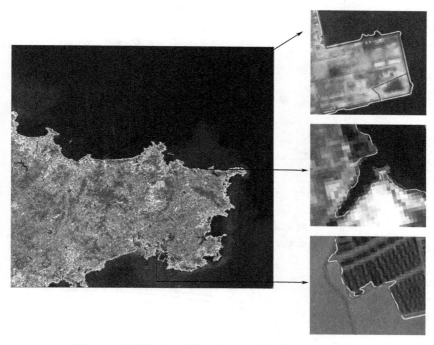

图 1.5　海岸线自动提取结果与参考海岸线细节对照图

为定量描述岸线提取精度，基于海岸线的空间关系，引入一种符合海岸线特性且与海岸线相匹配的精度评价方法，即基于 ROC 曲线特征的岸线匹配原则。方法如下：将全国海岸带开发利用变化监测的海岸线成果定义为参考海岸线，建立缓冲半径为 10～90 m 的参考海岸线缓冲区，将提取海岸线位于缓冲区内部的长度记为 P_1，认为此段与参考海岸线相匹配，反之则为不匹配记为 F（图 1.6a）；同样建立缓冲半径为 10～90 m 的提取海岸线缓冲区，将参考海岸线位于缓冲区内部的长度记为 P_2，认为此段与提取海岸线相匹配，反之定义为不匹配，记长度为 N，如图 1.6b 所示。根据 ROC 曲线匹配分析可定义以下参数：

$$\text{Complete} = P_2/(P_2 + N) \tag{1.2}$$

$$\text{Correct} = P_1/(P_1 + F) \tag{1.3}$$

$$\text{Quality} = 0.5 \times [P_1/(P_1 + F + N) + P_2/(P_2 + N + F)] \tag{1.4}$$

式中，参数 Complete 表示提取结果完整度；Correct 表示提取结果的正确度；Quality 表示综合评价提取质量。

利用 ROC 曲线对岸线提取精度进行定量评价，计算得到研究区岸线自动提取结果的正确度、完整度、质量统计图如图 1.7 所示。随着缓冲半径的增加，自动提取结果的正确度、完整度、质量不断提高,自动提取的完整度高于正确度和质量。在缓冲半径到达 2 个像元(60 m)时,岸线自动提取正确度可达 92%以上,完整度高达 94%,质量达到 87%,基本能够满足自动提取的精度需求。

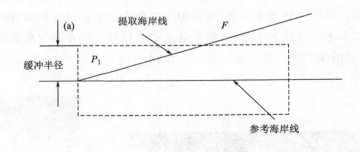

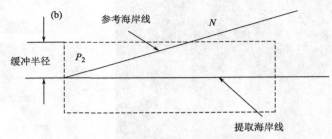

图 1.6 岸线匹配精度评价示意图
(a)参考岸线匹配结果;(b)提取岸线匹配结果

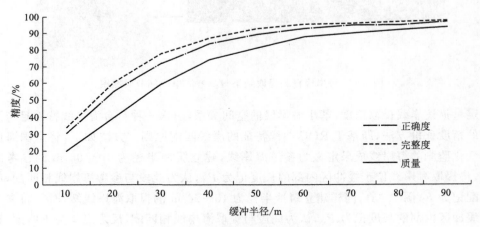

图 1.7 岸线提取精度评价结果

淤泥质海岸近岸岸滩含水量较高以及存在混合像元造成准确提取淤泥质岸线存在一定难度。利用 ROC 曲线对淤泥质岸线自动提取精度进行定量评价,分别计算缓冲半径 2 个像元(60 m)时本研究提取的淤泥质岸线和无边缘检测参与分割的淤泥质岸线自动提取结果的正确度、完整度和质量如图 1.8 所示。本研究提取的淤泥质岸线正确度为 90%,完整度为 92%,质量接近 84%。边缘检测参与分割后淤泥质岸线自动提取结果正确度和完整度得到有效提高,但依旧存在一定误差,提取精度略低于其他类型的岸线。

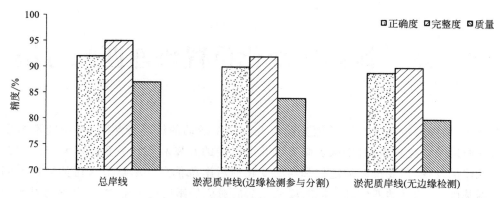

图 1.8　海岸线整体与淤泥质岸线提取精度评价结果

1.4　本章小结

　　海岸线位置的确定是海岸带和岛礁测绘的重要内容,快速而准确地监测海岸线位置和属性的动态变化,对于海岸带的科学管理和持续利用具有重要意义。阈值法和边缘检测法提取海岸线面临着提取海岸线阈值较难选择的问题,面向对象分类提取海岸线容易出现养殖区与泥沙岸滩混分的现象。本章节提出 Canny 边缘检测参与分割,再进行面向对象分类提取海岸线,可以有效避免阈值法和边缘检测法提取海岸线的阈值设置过于主观的问题,也能有效地避免面向对象分类法分割出现泥沙和养殖区混分的问题。该方法提取的海岸线精度较高,与高分影像人工采集的参考海岸线结果相比,通过匹配 ROC 曲线对匹配结果的完整度、正确度、质量的评价结果显示,该方法提取的海岸线精度较高,提取海岸线与参考海岸线在 2 个像元半径内的匹配完整度和正确度均达 92% 以上,基本能够满足提取精度要求。淤泥质岸线自动提取精度有效提高,但是提取精度与其他岸线相比尚有一定的出入,主要原因在于淤泥海岸较为平缓,影像过境时的潮位对海岸线的提取影响较大,并且淤泥海岸与海水的混分较严重,导致淤泥海岸线的提取精度偏低。

第 2 章　海岸线变化位置快速匹配方法

近年来,在海岸带区域自然环境变迁和人为开发活动的综合影响下,海岸线不断发生变化。探寻海岸线变化规律,对于保护修复以及海岸线的开发利用均有重要的意义。但是海岸线变化规律的发现,需要准确的定位和匹配变化前后岸段信息。本章节探讨如何在不同期海岸线数据基础上,快速地匹配到不同时段变化前后对应的岸段的技术方法,并通过试验检验方法的可靠性,以及实际应用中存在的问题和解决方案。

2.1　海岸线变化位置快速匹配方法设计

海岸线要素是一种形态复杂且有特定地理意义的线要素,海岸线变化基本特征包括位置变迁、类型转移等。海岸线位置变迁的分析在海岸线变化研究中占据重要地位,可先通过地图叠加分析对岸线位置变迁形成基本的了解和定性认识,再通过长度、面积和速率等数值统计量对岸线位置变迁进行定量分析。依据海岸线是否有人工干预,将海岸线划分为自然岸线和人工岸线两种类型。海岸线变化不仅包括位置变迁,还需要考虑类型转移,情况较为复杂,需要将变化前后的岸段进行对应匹配,再根据空间对应关系,分析变化前后岸段由于类型转移发生的变化。

对海岸线变化进行匹配关联,缺乏现成的分析工具,靠人工匹配往往需要花费大量时间,同时存在未能有效考虑变化岸段与相邻岸段之间的空间邻近关系的缺陷。事实上,变化岸段与其相邻岸段构成的空间场景中包含特定的空间特征,充分挖掘这种空间结构特征知识能够提供新的匹配思路。基于此,本章节参考了针对道路等矢量线要素顾及空间邻域关系进行联动匹配的方法,引入单链曼延编号思想,将各时相海岸线转换为有序编号的曼延链,结合编号结果来实现海岸线变化的快速匹配;再分别根据一对一和多对多变化岸段的匹配关系,归纳多种变化类型的判断公式,最后设计两种记录表来存储海岸线变化匹配结果信息。

2.1.1　海岸线变化的定义与匹配

海岸线变化匹配是在不同时相的海岸线数据集中发现并提取变化后,将不同时相中变化的海岸线互相匹配的过程。图 2.1 展示了 T_1、T_2 两期的局部连续海岸线的编号与匹配结果。对于某时相某地区的连续海岸线而言,不考虑类型属性时海岸线只有一整条;若考虑类型属性,海岸线可分为若干条具有不同类型属性的海岸线,本章节即对考虑类型属性情况下的海岸线变化匹配展开研究。在图 2.1 中,一般结点是不同类型岸线之间的连接点,且变化起止点属于一般结点。对于 T_1、T_2 两期的局部连续海岸线,通过 ArcGIS 软件的擦除或相交等空间叠加分析工具,得到若干条位置变迁或类型转移的岸线,统称海岸线变化。如图 2.1 所示,第一处为通过相交并比较类型属性得到的仅发生类型转移的岸线;另外两处为通过互相擦除得到的发生位置变迁的岸线,包括发生类型转移与不发生类型转移这两种情况。变化的海岸线在空间上不连续,对于某一时相的岸线,空间相邻的多条连续海岸线变化组成 1 个变化岸段,独立存在的单条海岸线变化也属于 1 个变化岸段,完全未变化的海岸线组成若干个未变岸段。每个变化岸段的两个端点称为变化起止点,T_1 和 T_2 的变化起止点是共点的。

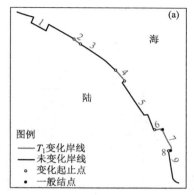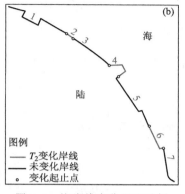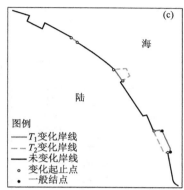

图 2.1　海岸线变化匹配示例

(a)T_1 编号;(b)T_2 编号;(c)T_1 和 T_2 匹配

由图 2.1 易知,若首尾岸线均属于未变化岸段,则两期海岸线具有位置完全相同的变化起止点。若从同一起点开始,朝同一方向出发,T_1 的第 1 个变化岸段与 T_2 的第 1 个变化岸段相匹配,T_1 的第 1 个变化岸段的岸线编号为 2,T_2 第 1 个变化岸段的岸线编号为 2,匹配关系为 1:1;T_1 第 2 个变化岸段与 T_2 第 2 个变化岸段相匹配,T_1 的第 2 个变化岸段的岸线编号为 4,T_2 第 2 个变化岸段的岸线编号为 4,匹配关系也为 1:1;T_1 第 3 个变化岸段与 T_2 第 3 个变化岸段相匹配,T_1 的第 3 个变化岸段的岸线编号为 6、7、8,T_2 第 3 个变化岸段的岸线编号为 6,匹配关系为 3:1;以此类推。

2.1.2　匹配关系与变化类型

若仅考虑位置变迁的变化情况,会形成一对一的变化岸段匹配关系。本章节同时考虑了位置变迁和类型转移的变化情况,因此形成了一对一和多对多等多种变化岸段匹配关系。针对两个不同时相海岸线矢量数据的变化岸段进行匹配后,可得到相互匹配的各个变化岸段中岸线数量比,即匹配关系,再根据海岸线变化匹配结果来判断海岸线变化类型。考虑到一对多是多对多匹配关系的特殊情形,下面分一对一和多对多两种变化岸段匹配关系对位置变迁、类型转移、新增、消失等多种海岸线变化类型进行讨论。

一对一的变化岸段匹配关系中,若待判断变化类型的一条岸线为 i,其匹配的另一条岸线为 j,参考式(2.1),位置变化度 $C_L(i,j)$ 描述岸线 i 相对于岸线 j 的位置信息变化情况,L_i 与 L_j 分别表示岸线 i 与岸线 j 的位置信息,当位置信息不一致时位置变化度 $C_L(i,j)$ 为 1;参考式(2.2),类型变化度 $C_T(i,j)$ 描述岸线 i 相对于岸线 j 的类型信息变化情况,T_i 与 T_j 分别表示岸线 i 与岸线 j 的类型信息,为与位置变化度有所区别,当类型信息不一致时,类型变化度 $C_T(i,j)$ 为 2;参考式(2.3),综合变化度 $C(i,j)$ 描述岸线 i 相对于岸线 j 的综合变化情况。图 2.2 展示了一对一匹配关系下的位置变迁、类型转移以及消失或新增三种海岸线变化类型,其中 N 和 H 表示不同类型岸线,是岸线自身属性。

$$C_L(i,j) = \begin{cases} 0, L_i = L_j \\ 1, L_i \neq L_j \end{cases} \tag{2.1}$$

$$C_T(i,j) = \begin{cases} 0, T_i = T_j \\ 2, T_i \neq T_j \end{cases} \tag{2.2}$$

$$C(i,j) = C_L(i,j) + C_T(i,j) \tag{2.3}$$

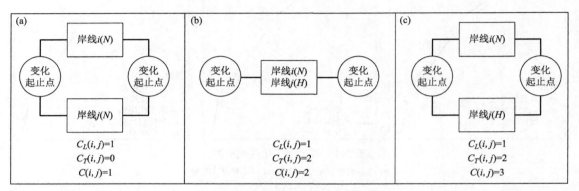

图 2.2　一对一匹配关系下的变化类型

(a)仅位置变迁；(b)仅类型转移；(c)消失或新增

多对多的变化岸段匹配关系中，若待查询变化类型的一个变化岸段为 I，其匹配的另一个变化岸段为 J，当 I 与 J 完全重合，即两个变化岸段仅发生类型变化时，可分成若干个一对一的变化岸线匹配关系，因此仅讨论 I 与 J 两个变化岸段的位置发生变化时的情况：在变化岸段 I 中以变化岸线 i 为例，参考式(2.4)，岸线 i 对于变化岸段 J 的类型变化度 $C_T(i,J)$ 描述岸线 i 的类型信息是否发生变化，T_i 表示岸线 i 的类型，T_J 表示变化岸段 J 的类型集，当 $T_i \notin T_J$ 时，表示类型发生变化，类型变化度为 2；参考式(2.5)，岸线 i 对于变化岸段 J 的综合变化度 $C(i,J)$ 描述岸线 i 的综合变化情况。图 2.3 展示了多对多匹配关系下的海岸线变化类型，一对多(图 2.3a)和多对一(图 2.3b)为多对多(图 2.3c)的特殊情形。

$$C_T(i,J) = \begin{cases} 0, T_i \in T_J \\ 2, T_i \notin T_J \end{cases} \tag{2.4}$$

$$C(i,J) = 1 + C_T(i,J) \tag{2.5}$$

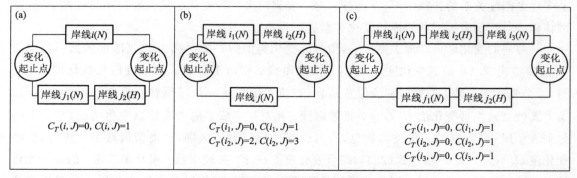

图 2.3　多对多匹配关系下的变化类型

(a)一对多；(b)多对一；(c)多对多

综上所述,根据综合变化度 $C(i,j)$ 或 $C(i,J)$ 来判断岸线 i 是否发生变化以及变化类型:综合变化度为 0 时,岸线 i 位置和类型均未发生变化;综合变化度为 1 时,岸线 i 仅发生位置变迁;综合变化度为 2 时,岸线 i 仅发生类型转移;综合变化度为 3 时,岸线 i 同时发生位置变迁和类型转移,即岸线出现新增或消失的情况。

2.1.3　单链曼延编号原理与流程

单链曼延编号是针对一条连续不断的线状数据,顾及其组成线段的结点间连通性和空间邻域关系,利用拓扑分析和几何方法等对相邻线段进行两两关联,再从一端到另一端依次对每个线段重新组织编号的方法。该方法模仿了一种通过目标地物特征和空间关联关系寻找特定地物的人类思维习惯,实际上是一种通过考虑空间关系来关联传递信息的过程。海岸线在特定区域内具有连续性,据此特征可通过空间连接方法来关联各段。以一组由 7 条线段组成的岸线数据为例,曼延编号前各线段编号呈无序态(图 2.4a),曼延编号后各线段编号呈空间有序化(图 2.4b)。

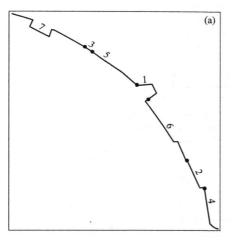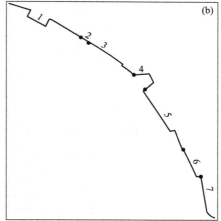

图 2.4　单链曼延编号示例

(a)编号前;(b)编号后

单链曼延编号建立在获取候选连接集并确定首尾线段的基础上。空间连接是指根据线段的相对空间位置将连接线段与目标线段产生关联,利用空间连接分析可将相邻线段两两一组关联起来,从而得到候选连接集。候选连接集中两端首尾线段仅有 1 个相邻线段,其余各线段均有且仅有 2 个相邻线段,可据此确定首尾线段。由给定的首线段 m_1 曼延编号到给定的尾线段 m_n(n 为线段总数),流程如下:①将首线段 m_1 编号为 1;②在候选连接集中找到 m_1 唯一的关联线段 m_2,编号为 2;③m_2 有 2 个关联线段,将其中还未编号的线段作为下一级线段 m_3,编号为 3;④以此类推,将当前线段 m_i($1<i<n$)的 2 个关联线段中还未编号的线段作为下一级线段 m_{i+1},编号为 $i+1$;⑤当编号到尾线段 m_n 时,完成曼延编号。

结合单链曼延编号原理,设计海岸线变化匹配流程(图 2.5),分 4 个环节。①分别对 T_1、T_2 原始岸线数据进行预处理。②分别对 T_1、T_2 岸线数据曼延编号。③T_1、T_2 变化岸段提取。利用空间邻近分析,在已编号的 T_1 岸线中,寻找已编号的 T_2 首岸线的最近邻岸线,若同样是首岸线,说明 T_1、T_2 编号方向一致,否则需将 T_2 岸线编号反向;然后通过空间叠置分析

得到 T_1、T_2 变化岸段。④T_1、T_2 海岸线变化信息分析。首先对 T_1、T_2 变化岸段进行匹配，并判断每个变化岸段的匹配关系，最后根据匹配关系判断 T_1、T_2 海岸线变化类型。

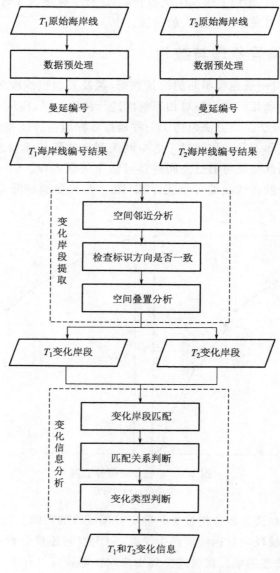

图 2.5　海岸线变化匹配流程图

2.2　海岸线变化位置匹配技术实践

2.2.1　实验数据与预处理

在 ArcGIS 软件中采用 Arcpy 实现海岸线变化匹配方法，基于 Arcpy 编写 Python 脚本工具可以充分利用 ArcGIS 中已有的分析工具，减少程序编写难度，同时也能提高运行效率。分别在我国北方和南方各选择一个典型地区为例进行海岸线变化快速匹配实验，每个地区准备

2015 年和 2019 年两期海岸线数据,海岸线位置和类型界定以高分辨率遥感影像人工解译判读为主,类型分为自然岸线与人工岸线两类。两期数据均先完成格式统一和拓扑检查等预处理,消除了因数据源带来的系统误差。

2.2.2　编码结果

数据预处理后,对已有变化起止点的 4 组岸线进行单链曼延编号,得到 2015 年地区Ⅰ 212 条岸线(图 2.6a)、2019 年地区Ⅰ 216 条岸线(图 2.6b)、2015 年地区Ⅱ 2241 条岸线(图 2.6c)以及 2019 年地区Ⅱ 2269 条岸线(图 2.6d)的编号结果。

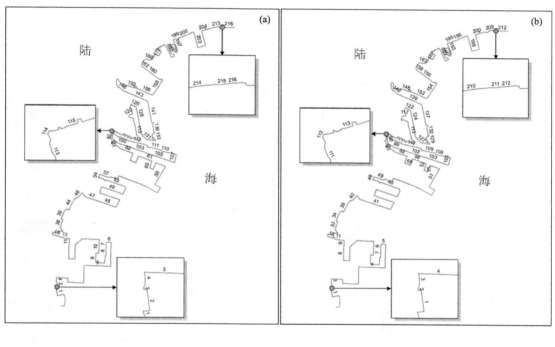

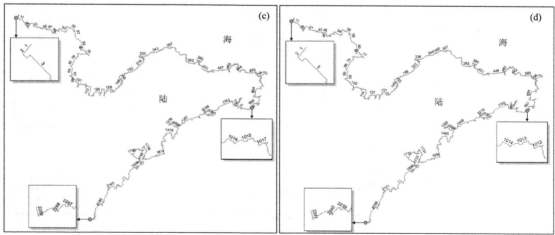

图 2.6　海岸线编号结果示例

(a)2015 年地区Ⅰ;(b)2019 年地区Ⅰ;(c)2015 年地区Ⅱ;(d)2019 年地区Ⅱ

    分别提取出两个地区的变化岸段后,通过对变化岸段匹配关系与海岸线变化类型的判断,发现地区Ⅰ中,2015 年有 53 条变化的海岸线,其中仅位置变迁 12 条、仅类型转移 28 条以及消失 13 条,如图 2.7a 所示,同时 2019 年的 53 条变化的海岸线中有仅位置变迁 12 条、仅类型转移 28 条以及新增 13 条,如图 2.7c 所示。在地区Ⅱ中,2015 年的 704 条变化的海岸线中有仅位置变迁 568 条、仅类型转移 79 条以及消失 57 条,如图 2.7b 所示,同时 2019 年的 730 条变化的海岸线中有仅位置变迁 577 条、仅类型转移 79 条以及新增 74 条,如图 2.7d 所示。

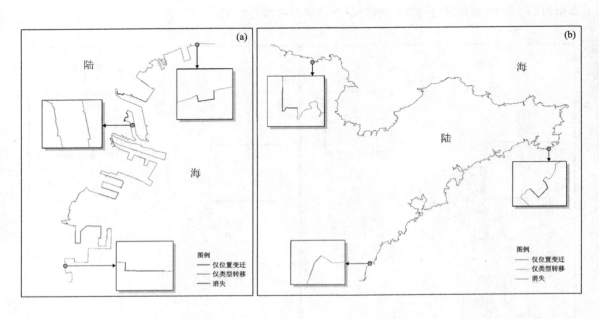

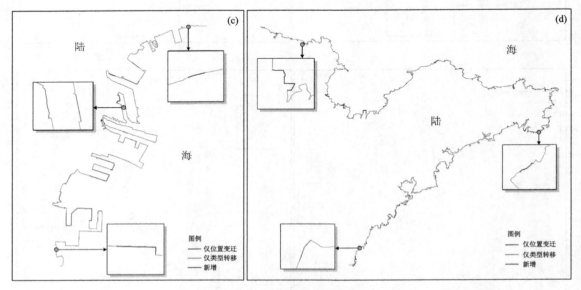

图 2.7　海岸线变化类型示例

(a)2015 年地区Ⅰ;(b)2015 年地区Ⅱ;(c)2019 年地区Ⅰ;(d)2019 年地区Ⅱ

2.2.3　精度评价

　　抽样检验是实验结果管理中的重要统计技术手段,通过抽取一定量的样品进行检验,既可以判断实验结果的质量,同时又不需要付出太大的工作量,对实验结果的质量分析具有重要意义。分别对地区Ⅰ和地区Ⅱ进行了等分抽样检验,每 10 条变化的海岸线中抽取中间一条,并且将最后一条变化的海岸线也作为抽样样本。地区Ⅰ在 2015 年变化的海岸线共 53 条,按照岸线编号顺序依次抽取第 5、15、25、35、45、53 条,样本数为 6 条;地区Ⅱ在 2015 年变化的海岸线共 704 条,按照岸线编号顺序抽取的岸线次序为 5、15、25、…、685、695、704,样本数为 71条,两个地区抽取的岸线编号和匹配结果如表 2.1 所示,地区Ⅰ和地区Ⅱ的海岸线变化均未有错漏匹配的情况。

表 2.1　匹配结果抽样检验

| 区域 | 2015 年变化的海岸线 | | | | 检验结果 | |
	总条数	样本数	岸线次序	岸线编号	匹配正确条数	匹配正确率/%
地区Ⅰ	53	6	5、15、25、35、45、53	13、43、81、115、156、208	6	100
地区Ⅱ	704	71	5、15、25、35、45、55、65、75、85、95、105、115、125、135、145、155、165、175、185、195、205、215、225、235、245、255、265、275、285、295、305、315、325、335、345、355、365、375、385、395、405、415、425、435、445、455、465、475、485、495、505、515、525、535、545、555、565、575、585、595、605、615、625、635、645、655、665、675、685、695、704	12、40、66、84、105、126、162、215、257、304、323、345、386、402、440、472、509、549、569、589、630、675、729、762、793、810、846、909、938、960、1009、1037、1072、1102、1123、1153、1196、1280、1320、1368、1391、1435、1470、1496、1529、1565、1584、1611、1679、1756、1777、1791、1814、1840、1870、1888、1919、1936、1957、1982、2004、2027、2042、2069、2071、2106、2129、2166、2180、2218、2238	71	100

2.2.4　讨论分析

　　结合单链曼延编号思想快速实现准确无误的海岸线变化匹配,前提是两期变化岸段一一对应,因此需要在匹配之前将各期变化岸段一一进行打断操作处理,以保证两期匹配中不发生错位和遗漏。在保证各个变化岸段对应的变化起止点全部打断后,才会得到后期变化匹配准确无误的结果。在匹配过程中,可能存在某个变化起止点未被打断,导致后续变化岸段匹配出错,利用等分检查方法快速找到出错源头,修改后重新匹配,循环操作直到得到完全正确的匹配结果。因此,匹配过程也是检查前期处理结果的过程,本章节提出的匹配方法不仅可以解决匹配问题,还可以有效协助检查前期处理过程可能出现的断点错误,以确保匹配结果的准确可靠。

　　为方便海岸线变化信息查询和错误检查,设计了变化岸段匹配记录表和海岸线变化统计表这两种变化信息表,自然岸线和人工岸线类型分别用 N、H 表示。以地区Ⅱ为例,变化岸段匹配记录表(表 2.2)的每条记录包括匹配关系、岸线编号、岸线类型等信息,起到两期数据之间的岸段关联作用;海岸线变化统计表(表 2.3)则是针对每条变化的海岸线统计其所属变化类型及相匹配岸线,每条岸线统计了时相、编号、类型、匹配岸线编号以及变化类型等信息。

表 2.2　变化岸段匹配记录表

匹配关系	岸线编号		岸线类型		示例图	
	2015 年	2019 年	2015 年	2019 年	2015 年	2019 年
1:1	2	2	N	H	图 2.8a	图 2.8b
1:1	12	12	N	H	图 2.8c	图 2.8d
3:1	124、125、126	123	H、N、H	N	图 2.8e	图 2.8f
1:1	221	218	H	N	图 2.8g	图 2.8h
…	…	…	…	…	…	…

表 2.3　海岸线变化统计表

时相(年份)	岸线编号	岸线类型	匹配编号	综合变化度(C)	变化类型	示意图
2015	2	N	2	2	仅类型转移	图 2.8a
2019	2	H	2	2	仅类型转移	图 2.8b
2015	12	N	12	1	仅位置变迁	图 2.8c
2019	12	N	12	1	仅位置变迁	图 2.8d
2015	124	H	—	3	消失	—
2015	125	N	123	1	仅位置变迁	图 2.8e
2015	126	H	—	3	消失	
2019	123	N	125	1	仅位置变迁	图 2.8f
2015	221	H	218	3	消失	图 2.8g
2019	218	N	221	3	新增	图 2.8h
…	…	…	…	…	…	…

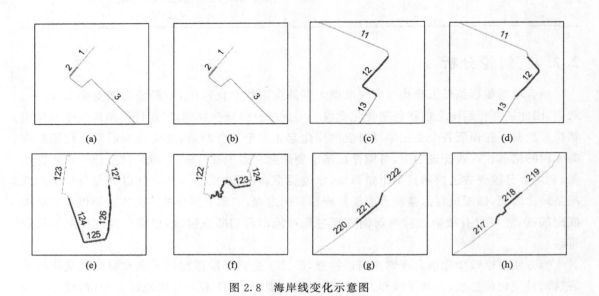

图 2.8　海岸线变化示意图

此外,实验区的海岸线可构成一条连续不断单链的一组线状数据,符合单链曼延编号方法的适用条件。然而,当海岸线由多条分割的单链组成或为闭环等情况时,无法直接使用本章节提出的方法,需要进行一定的改进。对于多条分割的单链构成海岸线的情况,需将各单链分别进行曼延编号及匹配。对于闭环链的情况,如海南省海岸线数据,可去除一条未变岸线,将其转化为一条不闭合单链,完成单链曼延编号。

2.3　本章小结

　　为解决两期海岸线矢量数据的变化岸段匹配关系识别困难的问题,本章节引入单链曼延编号的思想,提出了一种快速匹配的方法,实现了海岸线变化的有序匹配,还根据一对一和多对多的变化岸段匹配关系归纳了位置变迁、类型转移、新增和消失等变化类型的判断公式。最后以我国两个地区为例,开展海岸线变化快速匹配的技术实验,并设计了变化岸段匹配记录表和海岸线变化统计表两种变化信息存储表,建立新旧岸线之间的对应关系,方便空间数据的管理与维护。相较于人工逐条匹配需花费大量时间和人力,自动化匹配方法的操作效率和匹配准确率大大提高。该方法同样适用于多期海岸线变化匹配,但是针对多期变化信息的存储设计需要进一步改进。

第3章 面向对象的海岸带 地表覆盖遥感分类技术

海岸带位于地球表层陆、海、气、生多圈层的耦合作用地带,并深受气候变化与人类活动的共同影响,海岸带区域的环境和生态过程具有高度的动态性、复杂性和多样性,地表覆盖承载着生态环境和人类开发利用的综合信息,是开展海岸带专题研究的信息基础。对地观测卫星技术和图像处理基础的发展,都为高精度地表覆盖数据提供了数据和方法基础。随着高分辨率遥感卫星的发展,面向对象的分类方法成为主流。本章节探讨了面向对象的分类方法在海岸带地表覆盖分类上的应用。内容方面涵盖了分割方法优化、分类特征集筛选和分类器选择,打通了技术方法到应用实践的全链条,为海岸带地表覆盖高精度分类提供了技术方法支撑。

3.1 地表覆盖分类方法研究进展

长期以来,目视解译和面向像元分类方法是进行遥感影像信息提取的基本方法。目视解译方法目前仍被广泛应用于精度要求较高的信息提取中,特别是在高分辨率的遥感信息提取。但是,目视解译既需要丰富的地学知识和目视判读经验,又需要花费大量的时间去目视判读,其劳动强度大,信息获取周期长,解译质量受目视判读者的经验、对解译区域的熟悉程度等各种因素限制,具有很大的主观性。

面向像元分类方法是从中低分辨率遥感影像的基础上发展起来的,根据像元的光谱信息进行分类,主要包括监督分类和非监督分类,它们都有成熟的技术方法。监督分类首先根据野外调查或者目视判断确定地物类型,然后将其作为分类样本进行训练,最后利用算法实现影像分类。常用的监督分类方法有最大似然分类方法(Maximum Likelihood)、最短距离分类方法(Minimum Distance)、K近邻分类方法(K-Nearest Neighbor)、马氏距离分类方法(Mahalanobis)、贝叶斯分类方法(Bayes Classifier)等。非监督分类方法则不依靠先验知识,仅根据像元的光谱特征来分类,常用的非监督分类有分级集群法(Hierarchical Clustering)、动态聚类方法(ISODATA)、K均值法(K-means)等。对于分析低分辨率遥感图像中的大面积区域变化,基于像元的分类方法会取得较好的结果。但对于高分辨率遥感影像分析而言,基于像元的分类方法存在如下问题:①随着空间分辨率的提高,同类地物的光谱异质性也在增加,地物的空间破碎性更加明显,而以像元的光谱特征为主要依据的分类方法无法表达同一地物本身的光谱异质性,增加了分类的不确定性;②高分辨率遥感数据通常包含较少波段,但却含有丰富的空间特征信息,如形状特征、纹理特征以及空间关系特征等,而面向像元技术主要根据像元的光谱信息进行分类,获得的信息十分有限,提取的最终信息是离散的,不能表征不同的地物边界、面积等特征,往往呈现出较为严重的"椒盐现象";③遥感影像的数据量随着空间分辨率的增加呈指数级增长,高分辨率影像信息提取对计算机的软、硬件都提出了更高的要求,以面向像元分类方法对高分辨率影像进行信息提取的速度较慢,不能满足遥感信息快速提取的需要;④面向像元分类方法本质上是将不同的地物类型在同一个尺度上提取,而高分辨率遥感影像中,地物类型的尺度差异较中低分辨率影像更加明显,不同类型地物信息的提取有其最适宜的空间尺度,在单一的尺度上进行高分辨率遥感影像所有类别信息的提取,忽略了遥感应用中的尺度影响,对影像信息进行提取难以获得精确的成果。因此,应用基于像元的分类方法来提取高分辨率遥感影像中的地物信息,就会造成分类效率不高、精度降低以及资源浪费。尽管近年来一些数学工具也被引入基于像元的分类方法中,如模糊数学、神经网络、进化计算、线性混合模型等,在一定程度上提高了影像分类的精度。但从本质上讲,这些方法仍是基于像元层次,不能突破传统分类方法的局限性,也较难满足高分辨率遥感影像分类的要求。

为了更好地解决以上基于面向像元分类方法存在的不足,面向对象的遥感影像处理方法应运而生。所谓面向对象方法,是通过对影像的分割,使同质像元组成大小不同的对象,利用低水平的像素信息来获取较高水平的对象信息,除了光谱信息,影像对象更具备了能够辅助判断地物类型的形状、纹理和空间关系特征。与传统基于像元分类方法相比,面向对象分类方法的最小单元是较高水平的同质对象而不是一个像素,具备以下几个方面的优势:①面向对象遥感影像分类方法能够模拟人脑的解译方式,借助高分辨率遥感影像丰富的形状、纹理等多种特征,将领域知识和专家经验以适当的方式融入图像分类任务中,通过模拟专家进行不同水平的"思维"和"推理"活动,进而改善图像分析和处理过程,提高遥感信息分类的精度;②面向对象方法是基于语义层次的遥感影像高层理解,可以在不同空间尺度提取特定主题的信息,提高了面向对象分类方法的分类精度与可靠性;③通过图像分割,可以得到比像素数量少得多的图像区域对象,这样大大降低了后续处理和分析工作量,显著地提高图像处理和分析速度。面向对象分类方法的这几种特征使得影像分类的结果更合理,也更适合于高分辨率遥感影像的分类。Definiens 公司基于此算法,开发了可以应用于高分辨率遥感影像分析的商业软件 eCognition。

随着高分辨率遥感的发展,面向对象分类方法得到了广泛的应用。Laliberte 等(2004)应用面向对象分类方法,识别出 87% 面积大于 2 m² 的灌丛图斑。曹宝等(2006)以北京市海淀区 SPOT5 图像为例,将面向对象分类方法与传统基于像元方法分类结果进行对比分析,结果显示面向对象方法不仅使分类结果具有丰富的语义信息,有效抑制"椒盐现象"的发生,还可以显著提高分类精度。Deselee 等(2006)应用面向对象分类方法监测森林变化。苏伟等(2007)结合 QuickBird 遥感影像和 LiDAR 数据,利用多尺度、多变量影像分割的面向对象的分类技术对马来西亚基隆坡市城市中心区的土地覆盖分类研究,分类精度达到 88.52%。Johansen 等(2007)基于高分辨率遥感影像,采用面向对象方法对河边森林生态系统进行分类,精度达到了 78.95%。Lackner 等(2008)基于 IKONOS 影像,采用面向对象的分类方法,提取加拿大Ontario 区域的土地利用信息。韩凝等(2009)基于 IKONOS 高分辨率遥感影像,采用面向对象的分类方法,利用多尺度分割逐级分层提取方法,确定香榧树的空间分布。张学儒等(2010)基于 ENVI ZOOM 软件,采用面向对象方法,以定日县为例提取了高海拔灌丛植被,分类精度达到 84.7%,分类结果较理想。张春晓等(2010)基于 QuickBird 数据及 DEM(数字高程模型)、土地利用等数据,采用面向对象的分类方法,结合影像对象的低级影像特征和高级语义特征,应用专家知识和类描述进行层次分类,以高精度提取了土地利用信息及震害信息。以上研究表明,在对高分辨率遥感影像的分析和信息提取中,面向对象的分类方法比面向像元分类方法取得的效果更好。但在同一影像中同时提取多种土地覆盖类型时,该方法容易受"同物异谱、同谱异物"的影响,分类中仍然存在不确定性,需要借助多源异构数据,以提供更为丰富的信息来辅助分类。

3.2 面向对象分类方法理论

面向对象方法,是通过对影像的分割,使同质像元组成大小不同的对象,利用低水平的像素信息来获取较高水平的对象信息,除了光谱信息,影像对象更具备了能够辅助判断地物类型的形状、纹理和空间关系特征。与传统基于像元分类方法相比,面向对象分类方法的最小单元是较高水平的同质对象而不是一个像素,能够模拟人脑进行"推理判断",改善图像分析和处理过程;以对象为基本分类单元,大大降低了高分辨率遥感数据处理的工作量,显著地提高影像分析效率;而且可以在不同空间尺度提取特定主题的信息,减少数据冗余。面向对象分类方法一般经过以下几个步骤:影像分割、样本库构建、分类特征选取、决策树建立和最终结果优化(图 3.1)。

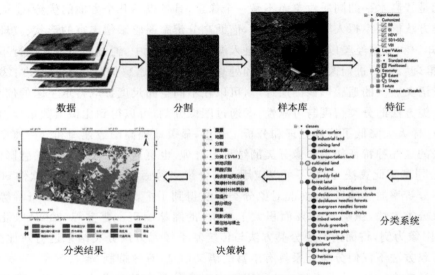

图 3.1 面向对象分类的一般步骤

3.2.1 影像分割

影像分割是根据需要,将整幅影像分割成由若干个像元组成的封闭区域,这些区域内部具有一定的均质性,即所谓的影像对象。影像分割是面向对象分类方法的核心和重要基础,分割的结果直接关系到分类的精度。而决定分割结果质量的是影像分割中参数的设置,包括各波段权重、光谱因子和形状因子权重(其中形状因子由紧致度因子和光滑度因子权重共同确定)和分割尺度。

$$f = w_{\text{spectra}} \times h_{\text{spectra}} + (1 - w_{\text{spectra}}) \times h_{\text{shape}} \tag{3.1}$$

$$h_{\text{spectra}} = \sum_{i=1}^{n} w_i \sigma_i \tag{3.2}$$

$$h_{\text{shape}} = w_{\text{compactness}} \times h_{\text{compactness}} + (1 - w_{\text{compactness}}) \times h_{\text{smoothness}} \tag{3.3}$$

$$h_{\text{compactness}} = \frac{l}{\sqrt{n_{\text{pixel}}}} \tag{3.4}$$

$$h_{\text{smoothness}} = \frac{l}{b} \tag{3.5}$$

式中，w_{spectra} 表示光谱因子权重；h_{spectra} 表示光谱异质性；h_{shape} 表示形状异质性；w_i 表示波段 i 的权重；σ_i 表示 i 波段的标准差；n 表示波段个数；$w_{\text{compactness}}$ 表示紧致度指数权重；$h_{\text{compactness}}$ 表示紧致度指数异质性；$h_{\text{smoothness}}$ 表示光滑度指数异质性；l 表示对象的周长；n_{pixel} 是对象内部像素个数；b 表示对象的外接矩形边长。

一般来说，分割尺度设置的不确定性最大，也是决定影像分割质量的最主要的参数（图 3.2）。多尺度分割可以针对不同的制图比例尺以及特定的应用目的设定不同的分割尺度，对于大范围区域的土地覆盖分类，一般可以选择一个普遍使用的分割尺度作为基准，以避免相邻作业块之间无法对接。在基准分割尺度基础上，每个作业块可以根据实际情况，对特定的区域或者类型采取不同的分割尺度。

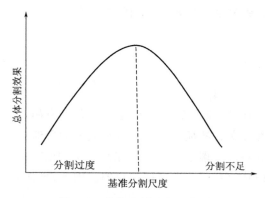

图 3.2　基准分割尺度示意图

基准尺度的选择要能够使分割得到的对象内部具有最小的异质性，同时与邻接对象具有最大的异质性。

对象内部的异质性可以用像元 DN 值的标准差来表示：

$$h_{\text{in}} = \frac{\sum\limits_{i=1}^{n} S_i h_i^{\text{spectra}}}{\sum\limits_{i=1}^{n} S_i} \tag{3.6}$$

式中，h_{in} 是整个区域的对象内部异质性；S_i 是对象 i 的面积；n 为整个区域分割后的对象总数；h_i^{spectra} 表示 i 对象内部的光谱异质性。

相邻对象之间的异质性可以用如下公式来表示：

$$h_{\text{out}} = \frac{n \sum\limits_{i=1}^{n} \sum\limits_{j=1}^{n} r_{ij} (v_i - \overline{v})(v_j - \overline{v})}{\left(\sum\limits_{i=1}^{n} (v_i - \overline{v})^2 \right) \left(\sum\limits_{i \neq j} \sum r_{ij} \right)} \tag{3.7}$$

式中，h_{out} 是整个区域的对象外部异质性；n 为对象的总数；r_{ij} 表示对象 i 和对象 j 的邻接关系，如果对象 i 和对象 j 邻接，则 $r_{ij} = 1$，否则 $r_{ij} = 0$；v 为对象的光谱平均值；$\overline{v}$ 为整个影像的光谱平均值。h_{out} 越低，影像对象之间相关性越低，即影像对象之间的可分性越好。

总体分割效果可用以下函数进行评价：

$$f(h_{in}, h_{out}) = w_{in} f(h_{in}) + (1 - w_{in}) f(h_{out}) \tag{3.8}$$

$$f(h_{in}) = \frac{h_{max}^{in} - h_{in}}{h_{max}^{in} - h_{min}^{in}} \tag{3.9}$$

$$f(h_{out}) = \frac{h_{max}^{out} - h_{out}}{h_{max}^{out} - h_{min}^{out}} \tag{3.10}$$

式中，$f(h_{in})$ 代表对象内部异质性；$f(h_{out})$ 代表对象之间异质性；w_{in} 为内部异质性在评价函数中所占的权重，可以根据强调对象内部异质性和对象之间异质性的不同，对权重进行调整。强调对象内部异质性时，w_{in} 要适当减小；当强调对象之间的异质性时，w_{in} 适当增加。

在上述函数的基础上通过数学方法可找出整幅影像的基准分割尺度，计算方法如下：

$$S_n(x) = a_0 + a_1 x + a_2 x^2 + \cdots + a_n x^n \tag{3.11}$$

式中，$S_n(x_i) = f(h_i^{in}, h_i^{out})$ 为分割效果评价函数；$S_n(x)$ 为分割效果评价指数，评价指数越小，分割效果就越好，反之，则分割效果较差；x 代表分割的尺度；$a_0, a_1, a_2, \cdots, a_n$ 为待标定的系数。

3.2.2 影像特征选择

3.2.2.1 特征的构建与选择

分类对象具有光谱、形状、纹理等多项特征，但并不是所有的特征对分类都有意义，需要对特征进行筛选，以提高分类效率。特征选择即在数量庞大的影像特征中，选取或变换出对影像信息提取或地物分类有利的特征，剔除不相关或冗余特征，从而达到提高学习算法性能、减少运行时间、得到更好目标识别效果和分类精度的目的。因此，特征的构建与选择在面向对象分类过程中至关重要。

3.2.2.2 优化的特征选择方法

分类与回归树（Classification and Regression Tree，CART）相对于其他决策树的算法，简化了决策树的规模，有更少的决策树分枝，并提高了决策树生成效率（Zhao et al.，2005）。CART 能够将特征空间重复迭代分裂成越来越小的部分，在迭代过程中，选择一个特征和分裂值，使其所属集合的不纯度最小化是关键。CART 采用基尼指数作为不纯度指标 $I(A)$，将最小基尼指数作为分裂值。

$$I(A) = 1 - \sum_c P^2(C/A) \tag{3.12}$$

基于每个特征都有重要性的贡献值，将贡献值 $M(x_m)$ 定量表示为某个特征作为初级或替代分流器（$\tilde{S}_m$）时拥有的所有集合（A）的不纯度降低（ΔI）之和。

$$M(x_m) = \sum_{A \in \mathbf{T}} \Delta I(\tilde{S}_m, A) \tag{3.13}$$

基于贡献度的特征选择即对特征进行筛选。此种特征选择的方法主要依据样本的特征属性，不断循环分析，在训练样本的过程中识别有益于分类的特征，定量分析特征对分类的有效性，为后续选择特征提供理论依据。

主成分分析法（Principal Component Analysis，PCA）是一种以 K-L 变换为基础的统计方法。假设特征空间 R^n 上，样本数据集 X 由许多数据 x 组成，而 x 由 n 维特征变量组成。PCA 对 x 进行线性变换，转换到主成分空间 R^m 内的数据 y，PCA 中有 $m \leqslant n$。每一个数据 y 由 m 维主成分组成。

$$y = A^{\mathrm{T}} x \tag{3.14}$$

PCA 使原始变量变为含有原始信息的多个主成分,其中第一主分量在此方向上方差最大,包含最多的信息量,第二主成分包含次多的信息量,且主成分之间无关,以此类推。

PCA 可消除变量(特征)之间的相关关系;在分析问题时,只需提取几个主成分来代表原变量;具有保熵性、保能量性。

将特征贡献度的特征选择方法与 PCA 变换方法相结合,利用特征贡献度提取有效特征,运用 PCA 变换消除特征间相互影响,构建优化特征集。

3.2.3　面向对象影像分类器

3.2.3.1　支持向量机

支持向量机(Support Vector Machine,SVM)是一种实用且应用广泛的机器学习模型,在图像识别领域得到很多学者青睐。SVM 是指在特征空间上的间隔最大的线性分类器,对于非线性分类问题,其核函数与惩罚变量技术也可达到识别目的。

在二维空间下,图 3.3 是 SVM 的分类示意图,黑色点代表样本中的正例,白色点代表样本中的负例。对于给定的样本点集,根据 SVM 的分类原理,得到图中的几何间隔 $\dfrac{2}{\|w\|}$,以及分类平面 $wx - b = 0$。

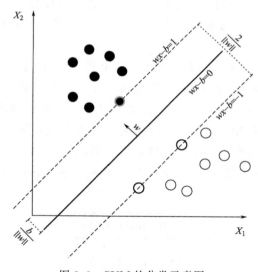

图 3.3　SVM 的分类示意图

面对高维、样本信息有限的问题时,较一般的分类方法支持向量机能够很好地避免"过学习"现象,有更好的泛化能力。支持向量机能够保证结果为全局的最优解。

3.2.3.2　人工神经网络

人工神经网络(Artificial Neural Network,ANN),简称为神经网络,它的原理是从信息处理角度,建立简单的模型,按不同的连接方式组成网络。最常用的 BP(Back Propagation)神经网络是以误差反向传播为基础的前向网络,应用 BP 神经网络来实现分类。图 3.4 为简单的 ANN 模型,其中第一列表示输入层,最后的第四列表示为输出层,第二、三列表示为隐藏层。

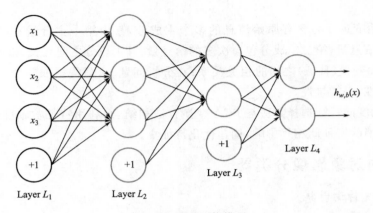

图 3.4　神经网络模型

　　神经网络应用于机器学习的分类需要训练算法来训练模型,从而实现分类,反向传播算法就是应用于前向神经网络模型训练的一种算法。一般的,有监督机器学习模型需要损失函数来度量模型的输出与样本对应的真实值之间的差别,训练过程也是在样本训练集上,通过最小化损失函数来得到模型的参数,从而得到模型。

　　ANN 具有强大的模式识别能力,具有自学习性、容错性和计算的并行性特点。但是,ANN 训练过程不能得到唯一方案,训练阶段和过拟合耗时较长,找到合适的参数(隐藏层神经元数量、学习率、迭代训练次数等)、黑箱操作导致用可视化方法提炼规则十分困难。

3.2.3.3　随机森林

　　随机森林(Random Forest,RF)是一种组合分类器。利用重抽样的方法抽取样本集,构建决策树,并将得到的决策树组合在一起,采用投票的方法得出分类结果。RF 基分类器没有剪枝,在决策树的学习中,为解决过拟合问题,使用集成学习的框架构建模型,因此,随机森林就是一个集成多个决策树的模型。生成单个决策树模型的流程如图 3.5 所示,相同的流程训练得到 K 个决策树模型后,分类结果投票得到最终结果,组合模型就是随机森林模型。随机森林不容易出现过拟合,且学习速度很快,研究表明,随机森林比传统方法运行速度更快,结果更准确。

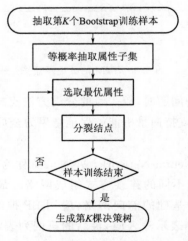

图 3.5　随机森林单个决策树训练过程

3.3　面向对象的分类方法实践与精度评价

3.3.1　影像分割试验

选择一个试验区开展影像分割试验,分割时除了分割尺度以外,还需要对其他参数进行设置。经过多次试验,分割时全部波段等权重参与;由于分类过程中主要依据影像的光谱特征,"形状"因子(Shape)权重设为 0.1,相应的"光谱"因子(Spectra)权重为 0.9;"紧致度"因子(Compactness)和"光滑度"因子(Smoothness)权重均设为 0.5,因为土地覆盖类型复杂,"紧致度"和"光滑度"在整个研究区尺度上,几乎同等重要。分割尺度分别设置为 30、35、40、45、50、55、60,利用 eCognition 进行影像分割,技术流程如图 3.6 所示。

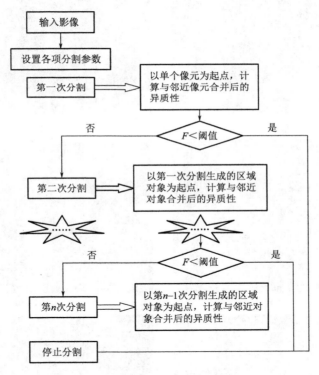

图 3.6　分割流程图

从分割效果来看,当分割尺度等于或者小于 30 时,分割破碎化程度高,对象数目多,会导致分类效率降低,"椒盐效应"明显;当分割尺度等于或者大于 60 时出现了较多地物混合的对象,尤其是居住地和绿地类型的混合,影响分类的精度;当分割尺度为 45 时,目视的分割效果比较好(图 3.7)。

通过对影像进行 7 次分割试验,得到 7 个 $S_n(x)$ 值,利用这些值对分割效果函数的系数进行标定,得到分割尺度 $30 < x < 60$ 影像分割评价函数(图 3.8)。

$$S_n(x) = -8.65 + 0.94x - 3.75 \times 10^{-2} x^2 + 5.91 \times 10^{-4} x^3 - 2.94 \times 10^{-6} x^4 -$$
$$2.44 \times 10^{-8} x^5 + 2.27 \times 10^{-10} x^6 \tag{3.15}$$

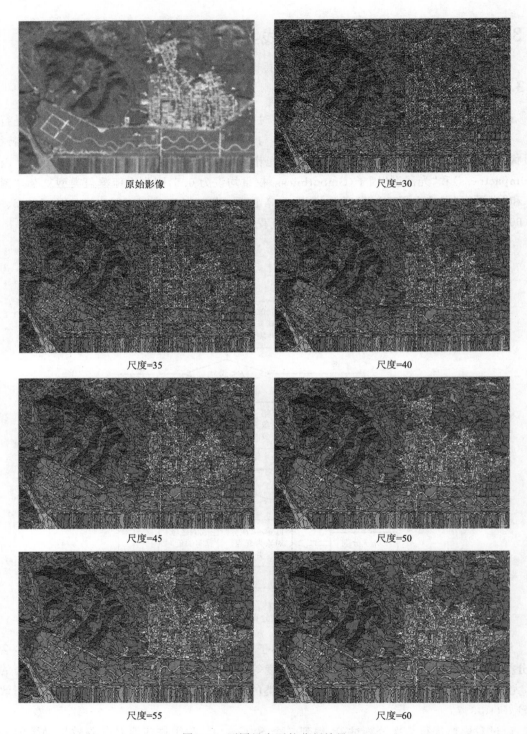

原始影像 尺度=30

尺度=35 尺度=40

尺度=45 尺度=50

尺度=55 尺度=60

图 3.7 不同尺度下的分割效果

采用分割效果评价函数,对各个尺度下分割的内部异质性、外部异质性进行评价,并计算最优分割尺度如表 3.1 所示。

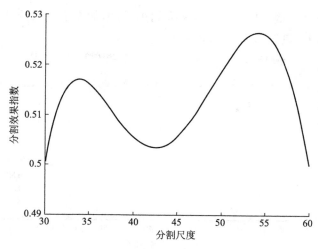

图 3.8　分割效果评价曲线

表 3.1　分割效果评价

分割尺度	外部异质性	内部异质性	综合评价
35	0.27	0.77	0.516
40	0.44	0.58	0.506
45	0.61	0.40	0.506
50	0.79	0.25	0.519
55	0.94	0.11	0.526

　　可见,通过函数评价得到的最佳分割尺度 42.5 相比目视的最佳尺度 45 分割效果略好,本研究选择 42.5 作为整个研究区的基准分割尺度,在对特定类型进行单独提取时,可有针对性地调整分割尺度,在多尺度下分类。

3.3.2　特征选择与变换

3.3.2.1　基于特征贡献度的特征初筛

　　对实验区进行 50 次样本采集,应用数据挖掘软件在建立决策树过程中得到的特征贡献度,选取 50 组特征贡献度平均值作为综合特征贡献度(图 3.9)。按照特征贡献度大小排序,

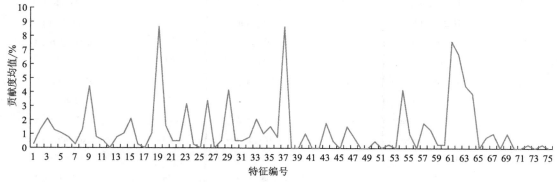

图 3.9　75 个特征的特征贡献度

将 75 个特征分为 5 个为一组的等间隔组,从大到小,每增加 5 个特征,不同分类方法的分类精度和分类时间如图 3.10 和表 3.2、表 3.3 所示。

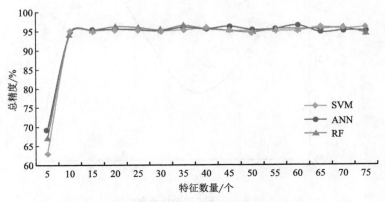

图 3.10　不同分类器分类精度与特征数量的关系

表 3.2　特征编号

编号	特征名称	编号	特征名称	编号	特征名称
1	GLCM_Hom_2	26	GLDV_Ent_3	51	GLDV_Con_1
2	Density	27	GLCM_Cor_2	52	Standard_1
3	Mean_Layer	28	GLCM_Con_3	53	Standard_2
4	Mean_Lay_1	29	GLCM_Cor_4	54	Brightness
5	Mean_Lay_2	30	GLCM_Ent_4	55	GLCM_Dis_4
6	Width_Pxl	31	GLDV_Con_3	56	Border_len
7	GLCM_Ent_3	32	GLCM_Hom_1	57	GLDV_Ent_1
8	Max_diff	33	GLDV_Ent_2	58	Elliptic_F
9	Shape_inde	34	GLCM_Dis_3	59	GLCM_Con_2
10	GLCM_Std_3	35	GLCM_StdDe	60	Radius_of_
11	Number_of_	36	GLCM_Dissi	61	GLDV_Contr
12	GLCM_Cor_1	37	GLDV_Mean3	62	GLCM_Dis_2
13	GLDV_Mean1	38	Volume_Pxl	63	GLCM_Con_4
14	GLCM_Dis_1	39	Asymmetry	64	LengthWidt
15	GLCM_Std_4	40	GLDV_Ang_2	65	GLCM_Ent_2
16	GLCM_Hom_4	41	Rectangula	66	GLCM_Hom_3
17	GLCM_Std_2	42	GLDV_Ang_3	67	Radius_of1
18	Length_Pxl	43	GLDV_Mean2	68	GLDV_Con_2
19	GLDV_Ang_5	44	GLCM_Con_1	69	Main_direc
20	GLCM_Corre	45	GLDV_Ang_4	70	GLDV_Ent_4
21	Standard_d	46	GLDV_Mean4	71	Compactnes
22	GLCM_Homog	47	GLCM_Entro	72	GLDV_Ang_6
23	GLCM_Contr	48	GLDV_Entro	73	Roundness
24	GLDV_Mean_	49	GLCM_Cor_3	74	Area_Pxl
25	GLCM_Std_1	50	GLCM_Ent_1	75	GLDV_Con_4

表 3.3　分类效果统计

特征数目	SVM			ANN			RF		
	耗时/ms	总精度/%	kappa	耗时/ms	总精度/%	kappa	耗时/ms	总精度/%	kappa
5	2.76	62.89	0.58	325.96	69.11	0.65	9.32	66.89	0.63
10	3.05	94.44	0.94	353.87	94.44	0.94	9.35	94.67	0.94
15	3.19	95.11	0.95	455.31	95.33	0.95	9.33	95.33	0.95
20	2.98	95.56	0.95	412.75	95.56	0.95	10.19	96.22	0.96
25	3.71	95.56	0.95	514.87	95.56	0.95	11.41	96.00	0.96
30	4.22	95.11	0.95	543.51	95.11	0.95	11.83	95.33	0.95
35	4.62	95.33	0.95	582.86	96.00	0.96	12.01	96.44	0.96
40	4.87	95.78	0.95	605.70	95.56	0.95	12.83	95.56	0.95
45	5.48	95.11	0.95	556.51	96.22	0.96	13.23	95.11	0.95
50	6.18	95.11	0.95	665.70	95.33	0.95	14.71	94.67	0.94
55	7.27	95.11	0.95	616.61	95.56	0.95	15.59	95.56	0.95
60	6.98	95.11	0.95	727.93	96.44	0.96	17.93	95.56	0.95
65	7.57	96.00	0.96	675.31	94.67	0.94	17.53	95.56	0.95
70	9.22	95.56	0.95	705.44	95.11	0.95	18.46	95.78	0.95
75	9.31	96.00	0.96	740.71	95.11	0.95	30.93	94.44	0.94

(1)特征个数与分类精度。特征数目为 5 时,分类精度在 65% 左右,说明影像分类需要对象的多个特征,特征数量太少,无法提供足够对象类别的信息。特征数目为 5~10 时,分类精度上升显著,可以看出,前 10 个特征对分类贡献度非常大,基本满足分类特征训练的要求。数目增至 15 时,分类精度几乎达到最大值,15~75 个特征时,变化曲线起伏不明显,总精度达到稳定值,说明特征数量超过一定数值后继续增加,分类精度并没有继续提高。

(2)特征个数与分类器。三种分类器的分类精度与特征数量关系图变化趋势大致相同,特征数目为 5 个时,SVM 分类精度最低,ANN 最高。特征数目为 15~75 个时,三种分类器的分类精度差异缩小,稳定在 94%~95%,SVM 分类精度变化相对更稳定,ANN、RF 变化幅度相对更大,甚至有精度下降趋势。由此看出,对于所选特征 SVM 更加稳定。

(3)特征个数与分类时间。特征个数越多,分类时间越长。三种分类器由于分类原理不同,分类时间也不同。SVM 整体分类时间最少,RF 分类时间相对长一点;ANN 整体分类时间最多,最短分类时间也达到 325.96 ms,是 SVM 5 个特征分类时间的 100 多倍。综上分析,根据贡献度大小初步筛选出前 15 个特征,然后再通过 PCA 分析方法进一步筛选特征。

3.3.2.2　主成分分析(PCA)特征变换实验及分析

经过初选特征集去除 60 个冗余特征后,剩余 15 个特征仍存在相关关系,为进一步去除特征冗余,采用 PCA 变换对特征降低维度。在 PCA 变换之前为消除量纲影响,对 15 个初选特征进行 Z 标准化,得到无量纲特征,经 PCA 变换得到累计方差曲线,前 5 个主成分累计方差超过

90%,即前 5 个主成分包含了大部分信息,多次分类实验结果均值如图 3.11 和表 3.4 所示。

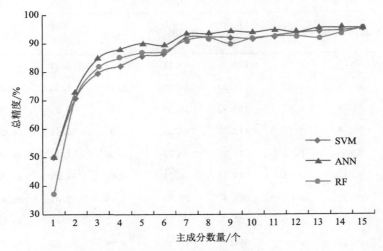

图 3.11　PCA 分量个数与分类精度的关系曲线

表 3.4　PCA 分量个数与分类精度统计表

分量个数	SVM			ANN			RF		
	时间/ms	总精度/%	kappa	时间/ms	总精度/%	kappa	时间/ms	总精度/%	kappa
1	3.02	49.78	0.44	364.53	49.78	0.44	7.77	36.89	0.29
2	3.04	70.89	0.67	318.18	73.11	0.70	8.89	70.89	0.67
3	3.19	79.56	0.77	317.58	84.67	0.83	6.56	81.33	0.79
4	3.37	82.22	0.80	321.48	88.00	0.87	6.33	84.89	0.83
5	3.53	85.56	0.84	327.08	90.00	0.89	6.46	86.67	0.85
6	3.58	86.22	0.85	406.45	89.33	0.88	6.73	87.11	0.86
7	3.89	92.00	0.91	412.91	93.33	0.93	6.59	91.11	0.90
8	3.96	92.22	0.91	344.97	93.33	0.93	6.23	92.00	0.91
9	4.01	92.00	0.91	350.32	94.22	0.94	7.51	89.78	0.89
10	4.29	91.56	0.91	355.52	93.78	0.93	6.18	91.78	0.91
11	4.36	92.67	0.92	436.91	94.67	0.94	6.06	92.44	0.92
12	4.40	93.56	0.93	367.68	93.78	0.93	6.17	92.44	0.92
13	4.37	94.22	0.94	371.20	95.33	0.95	6.40	91.78	0.91
14	4.45	94.44	0.94	456.23	95.33	0.95	6.40	93.56	0.93
15	5.31	95.11	0.95	455.31	95.33	0.95	9.33	95.33	0.95

　　结果表明:①PCA 主成分个数与分类精度。对于三种分类方法,随主分量个数增加,分类精度均变高。当主分量取 1~3 时,分类精度变化较快;主分量为 7 时,分类精度达到 90% 以上。②PCA 主成分个数与分类器。一个主成分时,RF 分类精度最低,而 SVM 和 ANN 分类精度几乎达到 50%,之后随着主成分个数增加,不同分类方法的分类精度差距缩小,ANN 整体分类精度最高。③特征个数与分类时间。主成分个数越多,ANN 和 RF 分类的时间越长,

SVM 本身分类时间短,主成分个数和分类时间的相关关系不明显。

综上所述,在贡献度模型筛选出 15 个特征基础上进行主成分分析,去除特征间的相关性。主成分个数为 7 时,分类精度达到大于 90% 的要求,分类时间缩短,三种分类器总体的分类精度相差不多,其中 SVM 分类时间最短,且分类结果较稳定。

本节针对高分影像特征过多造成维度灾难、无法取舍有效特征导致低分类精度等问题,提出一种基于特征贡献度与 PCA 结合的特征选择优化方法,定量分析并提取影像特征。将提取的 75 个影像分类特征经选择与变换至 7 个主成分特征,最终优化的特征在 SVM、ANN 和 RF 三种分类实验结果中的总精度均有所提高,取得了较好的分类效果,说明优化的特征选择方法在保证分类精度的同时大大降低特征维度,减少后端分类计算量,为高分遥感影像解译和土地利用分类提供一种新的思路。

3.3.3　不同分类方法效果比较

针对分类应用场景和数据,为分析比较三种分类方法的性能,本节利用 Python 实现多种机器学习模型的训练及分类。

用 Python 的机器学习模块 scikit-learn 实现 SVM 模型和随机森林模型,包含模型的训练和验证及应用训练好的模型去预测新的数据。用 Python 的深度学习模块 tensorflow 实现一个 4 层的神经网络模型,实现了模型的梯度下降训练和模型的验证及应用训练好的模型去预测新的数据,具体包括:①数据集处理。从 excel 表中导入采集的已标注的样本数据集,对导入的数据集可以实现数据的标准化和 PCA 降维等,另外可以将数据集随机划分为两部分,即训练集和验证集。②模型训练和验证。在训练集上训练 SVM 模型、RF 模型和 ANN 模型,根据验证集上的识别正确率,不断调节模型参数,从而得到最优模型。③应用训练好的模型。当训练得到最优模型后,可以保存得到的最优模型参数,当新数据需要被分类时,就可以加载保存的模型对需要分类的新样本数据分类得到预测的类标签。

裁剪一块 10 km×10 km 的区域开展分类试验,采用精简后的 7 个主成分,分别运用 SVM、ANN、RF 三个分类器,将试验区的地类分为耕地、园地、林地、草地、房屋建筑区、道路、水域、裸地、硬化地表 9 个类别,分类结果如图 3.12 所示。随机提取影像上 1800 个对象作为检验样本(每类 200 个检验样本),与地理国情监测数据成果进行对照,开展精度评价,评价结果如表 3.5 所示。

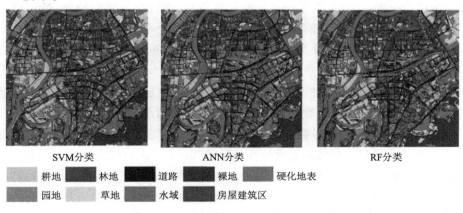

图 3.12　不同分类器土地利用分类结果

表 3.5 不同分类器分类结果精度评价

类别名称	SVM		ANN		RF	
	UA/%	PA/%	UA/%	PA/%	UA/%	PA/%
耕地	89.09	98.00	88.89	96.00	81.36	96.00
园地	88.68	94.00	92.00	92.00	92.00	92.00
林地	89.80	88.00	88.46	92.00	90.00	90.00
草地	97.67	84.00	97.67	84.00	97.30	72.00
房屋建筑区	90.91	80.00	92.31	96.00	93.62	88.00
道路	98.00	98.00	97.96	96.00	94.34	100.00
水域	92.00	92.00	90.20	92.00	88.46	92.00
裸地	100.00	100.00	98.04	100.00	96.08	98.00
硬化地表	83.93	94.00	95.83	92.00	90.20	92.00
总精度/%	92.00		93.33		91.11	
kappa	0.91		0.92		90.00	
耗时/ms	3.89		412.91		6.59	

注:UA 表示用户精度;PA 表示生产者精度。

从分类效果来看,三种分类器总精度均达到 90% 以上,三种分类器能很好地将各类地物分离出来,地物之间的混分现象较少,其中 ANN 分类精度略高于 SVM 和 RF。从分类时间来看,由于 ANN 网络训练过程不能得到唯一方案,训练阶段和分类过程耗时较长;而 SVM 和 RF 在分类过程花费时间较少,有利于大数据量遥感数据快速分类。从地物类型来看,裸地、耕地、园地、水域、道路和硬化地表分类精度较高,由于林、草地光谱区分不显著,容易出现混分现象,分类精度较低。

3.4 本章小结

面向对象的分类方法通过将特征近似的相邻像素合并成影像对象,使分类的基本单元由原来只具有光谱特征的像素,变为同时包含光谱、形状、纹理、相邻关系等特征的对象,使得自动分类效率更高。本章首先探讨了影像最佳分割尺度的计算方法,选择合理分割参数,对高分辨率遥感影像进行分割;然后研究了分类特征提取方法,筛选影像对象特征;最后对三种分类器进行了对比研究,对试验区进行自动分类。本章主要结论可归纳如下。

(1)对于大范围的土地覆盖分类,一般需要选择一个普遍使用的分割尺度作为基准,以避免相邻作业块之间无法对接。本章以"对象内部异质性最小,对象之间异质性最大"为分割原则,分别将对象内部的异质性和对象之间的异质性进行了定量表达,并通过多次分割试验构建了分割尺度与分割效果之间的函数关系,计算得到研究区的最佳分割尺度为 42.5。分割时除了分割尺度以外,还需要对其他参数进行设置。经过多次试验,分割时全部 5 个波段等权重参与;由于分类过程中主要依据影像的光谱特征,"形状"因子(Shape)权重设为 0.1,相应的"光谱"因子(Spectra)权重为 0.9;"紧致度"因子(Compactness)和"光滑度"因子(Smoothness)权重均设为 0.5,因为土地覆盖类型复杂,"紧致度"和"光滑度"在整个研究区尺度上,几乎同等重要。

(2)影像特征包括类型属性、光谱特征、形状特征、纹理特征以及空间关系等。上述特征中,并不是所有的特征对于对象的分类都有意义,需要对特征进行筛选,以提高分类效率。本章基于影像特征贡献度和主成分分析相结合的方法,实现特征库的约简,获取识别效果最好的特征组,将 75 个对象特征约简为 7 个,优化的特征在保证分类精度的同时大大降低特征维度,减少后端分类计算量,提高了分类运算速度。

（3）在样本库的基础上,可以利用现有分类器,通过训练样本来实现研究区的自动分类。本章比较了支持向量机（SVM）、人工神经网络（ANN）、随机森林（RF）这三种经典的数据分类算法,结果表明三种方法的分类精度均较高,但 ANN 的分类运算时间显著长于 SVM 和 RF。SVM 的运算速度和分类精度总体较高,分类结果较为稳定。从类别来看,林草混分较为严重,需要借助更多的辅助数据,对分类中的错误进行纠正。

第4章 深度学习支持下的海岸带 典型要素识别与提取技术

我国是海洋大国,海水养殖和沿海风电产业作为海洋经济的重要组成部分近年来发展迅速,掌握风力发电站数量和海水养殖规模是了解海岸带经济发展的基础。同时,在开发利用沿海滩涂过程中,对红树林的破坏也引起了自然资源和生态环境相关部门的广泛关注,迫切需要掌握准确的红树林的边界范围。随着神经网络技术的发展,利用深度学习开展目标识别、要素提取与分类的技术得到广泛的应用。本章节探讨使用常用的深度学习网络模型,探讨算法适应与改进,应用于海岸带典型要素,特别是风力发电站、海水养殖面、红树林三类典型要素的识别与提取。

4.1 深度学习算法简介

4.1.1 深度学习算法简要介绍

1943 年麦克洛克等提出的 MCP(McCulloch-Pitts)人工神经元简易模型是神经网络的起源,用计算机来模拟生物的神经元功能。人工神经元模型的基本模块结构包含输入信号、求和模块、激活函数模块、输出结果,如图 4.1 所示。随着时代的发展,神经网络紧跟时代的步伐发展迅速,逐渐发展形成了由多个神经元组成的复杂的神经网络。深度学习是在神经网络的基础上发展而来,其搭建的神经网络的隐藏层不止有一个,而是有多个。通过将多个线性函数进行组合,并且采用激活函数使其不再仅仅表示线性模型,而是可以做到无限逼近任意的模型,从而完成分类任务。其是在庞大的数据集和强大的计算能力的支持下,学习得到数据内部的关系,从而拟合出相应的表示其模型的函数。

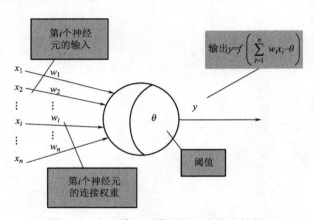

图 4.1 人工神经元模型的基本模块结构

通过调整结构内部不同节点之间的相互连接关系可以构成不同的网络模型,可以分为以下四类。

(1)前馈神经网络。该网络总共由三层构成,分别为一个输入层模块、一个或多个隐藏层模块和一个输出层模块组成,内部的参数从输入层开始会依次经过隐藏层向下一层单向传播,直到最后的输出层,没有后向反馈,内部不会构成有向环,是最简单的一种模型。结构如图 4.2 所示。

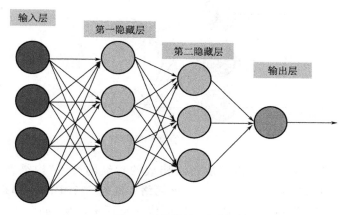

图 4.2　前馈神经网络

(2)反向神经网络。其又叫作递归网络或者回归网络,网络结构与前馈网络相比较为烦琐,每一个神经元可以将本身的输出另外作为输入信号重复反馈给网络中自己或者另外的神经元。这类机制属于反馈动力学系统的一种,记忆功能是该神经元的特性,其在不同时刻可以具有不一样的状态,当状态稳定不变时学习过程结束,其中波尔兹曼机网络和 Hopfieid 网络就属于这类网络。反馈神经网络简单结构如图 4.3 所示。

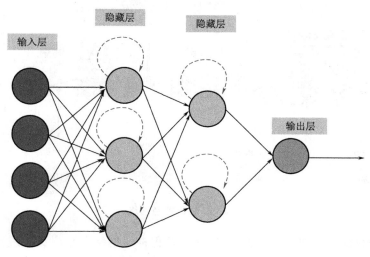

图 4.3　反向神经网络

(3)竞争型神经网络。该网络是一种无监督算法,包括 SOM 网络(自组织映射神经网络)、对偶传播网络和自适应共振理论网络等,该网络通常是由两层网络结构简单组成就能实现功能,主要由输入层和竞争层构成,不包括隐藏层,两层之间的神经元能够相互连接传递信息,偶尔双向连接也存在竞争层的神经元之间。一种竞争型神经网络的简单结构如图 4.4 所示。

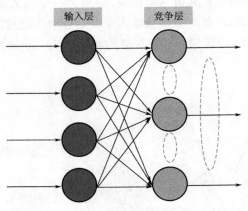

图 4.4　竞争型神经网络

(4)卷积神经网络。这是一个由多层模块构成的神经网络,结构类别包含三类:卷积层(Conv)、特征池化层(Pool)和全连接层(FC),该网络中的每一个中间层都是由 S 层和 C 层相互串联而组成的,输入层只含一层。通常将 C 层作为特征提取层,同时上一层的局部感受野与下一层的每个神经元输入相连,用来提取该窗口的局部特征,同时可以确定与其他特征间的相关位置关系。S 层属于特征映射层,网络中的每个计算层由多个特征映射构建组成,每个特征映射上所有神经元具有共享的权值特性。卷积神经网络具有三个重要特性:局部连接、空间下采样和共享权值,因此网络结构对平移、倾斜、缩放等变化具有高度不变性的特点。卷积神经网络的典型简化结构如图 4.5 所示。

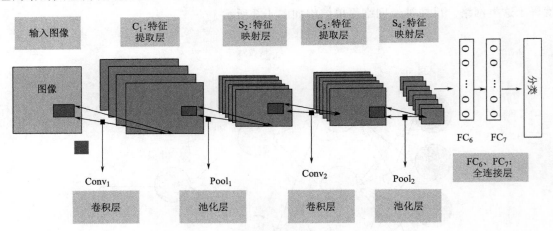

图 4.5　卷积神经网络

深度学习是目前热门的图像分类手段之一,卷积神经网络更是广泛地应用到了遥感影像分类当中。作为遥感分类的基石,土地利用与土地覆盖和卷积神经网络结合较为紧密。Zhao 等(2019)基于 LeNet-5 网络反演了稻田分布,并与支持向量机方法对比,证明该网络不论是在精度还是耗时方面都较优;Li 等(2019)探寻了迁移学习在土地利用方面的可行性,并给出了推荐迁移参数;Carranza-Garcia 等(2019)建立了一套使用卷积神经网络反演土地利用的框架。研究者们也将卷积神经网络应用到了湿地植被提取和湿地遥感的分类中,取得了不错的分类效果。

利用深度学习开展目标提取、地物识别与分类,根据任务难易程度主要分为三类:①目标识别。计算机视觉中比较简单的任务,在一张图中找到某些特定的物体,目标检测不仅要求我们识别这些物体的种类,同时要求我们标出这些物体的位置,通常是离散地物。即识别出目标物体,标注特定位置,通常是离散地物的提取,如风力发电站位置提取。②地物识别与范围提取。要求不仅能够识别出目标物,还要提取准确的边界范围,通常是范围较大的面状地物,如沿海的养殖水面提取、红树林范围提取,均属于这一类别。③地物分类。要求不仅能够识别出目标物,还能按照一定的分类系统,通过学习不同样本的特征,达到分类的目的,通常用于影像分类制图,如地表覆盖分类。

4.1.2　深度学习模型效果评价

Dice Loss 作为常用的损失函数训练模型之一,该损失函数基于 DSC 系数,如下式所示:

$$DSC = \frac{2 \times |A \cap B|}{|A| + |B|} \tag{4.1}$$

式中,$|A \cap B|$ 表示预测值与真值的并集,$|A|$ 和 $|B|$ 表示预测值与真值。

采用召回率(Recall)、精确率(Precision)、准确率(Acc)和 F_1 值评估模型分割精度,如下式所示:

$$Recall = \frac{TP}{TP + FN} \tag{4.2}$$

$$Precision = \frac{TP}{TP + FP} \tag{4.3}$$

$$Acc = \frac{TP + TN}{FP + FN + TP + TN} \tag{4.4}$$

$$F_1 = \frac{2 Precision \times Recall}{Precision + Recall} \tag{4.5}$$

式中,TP 表示正样本被正确识别为正样本;TN 表示负样本被正确识别为负样本;FP 表示负样本被错误识别为正样本;FN 表示正样本被错误识别为负样本;Acc 是正确预测数量与总体数量比值;F_1 值是 Recall 与 Precision 调和值。

4.2　基于 YOLO 的风力发电站识别

4.2.1　YOLO 目标提取算法

YOLO 算法是一种成熟的目标检测算法,不同于很多检测方法,比如 R-CNN 类需要通过两次检测才能输出最终结果,YOLO 算法通过锚框计算,只需要进行一次检测就可以得到全部目标的分类和具体的位置。YOLO 还是一个端到端目标检测卷积神经网络,拥有高速、可靠等优势。采用 YOLO 算法对风力发电站进行目标提取,具体流程如下:

(1)使用特征提取网络提取输入图像的特征,随后输出特征图;

(2)将图像分成数个网格单元;

（3）使用当前目标的中心坐标所属的网格单元预测当前目标，并输出预测特征图，网格单元可以预测 3 个包围框（Bounding Box），最终使用当前目标框的 IOU（Intersection over Union）最大的 Bounding Box 来预测当前目标。

预测得到的输出特征图的前两个维度是提取到的特征的维度，第三个维度是 $B \times (5 + C)$，其中 B 是每个网格单元所预测的 Bounding Box 的数量（在 YOLO v3 中就是 3），5 是 1 个置信度（confidence level）加上 4 个坐标 (x, y, w, h)，C 是 Bounding Box 的类别数目。输出的特征图中包含了损失函数需要优化的参数。

YOLO v5 在 YOLO 基础上进一步优化，引入了 mosaic 数据增强、自适应锚框计算、自适应图片缩放、Focus 结构、CSP 结构等改进。YOLO v5 算法相比原始 YOLO 算法的性能提升了很多。YOLO v5 的网络结构如图 4.6 所示。

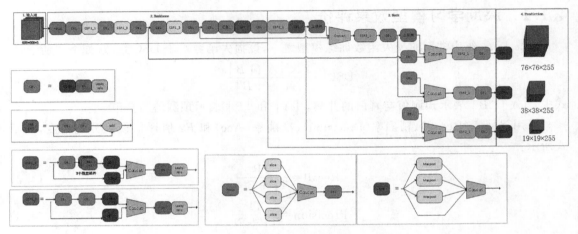

图 4.6　YOLO v5 网络结构

（1）mosaic 数据增强。采用了 4 张图片，使用随机缩放、随机裁剪、随机排布的方式进行拼接。该方法大大丰富了检测数据集，特别是随机缩放增加了很多小目标，让网络的鲁棒性更好。

（2）自适应锚框计算。YOLO v5 能够在每次训练时，自适应地计算不同训练集中的最佳锚框值。

（3）自适应图片缩放。在常用的目标检测算法中，不同的图片长宽都不相同，因此常用的方式是将原始图片统一缩放到一个标准尺寸，再送入检测网络中。在 YOLO v5 中，研究发现在项目实际使用时，很多图片的长宽比不同，因此缩放填充后，两端的黑边大小都不同，而如果填充的比较多，则存在信息冗余，影响推理速度。因此，在 YOLO v5 的代码中 datasets.py 的 letterbox 函数中进行了修改，对原始图像自适应地添加最少的黑边。

（4）Focus 结构。该结构简单地讲，是对特征图的切片操作以增加特征丰度。以 YOLO v5 的结构为例，原始 $608 \times 608 \times 3$ 的图像输入 Focus 结构，采用切片操作，先变成 $304 \times 304 \times 12$ 的特征图，再经过一次 32 个卷积核的卷积操作，最终变成 $304 \times 304 \times 32$ 的特征图。

（5）CSP 结构。采用 CSP 模块先将基础层的特征映射划分为两部分，然后通过跨阶段层次结构将它们合并，在减少了计算量的同时可以保证准确率。优势是增强 CNN 的学习能力，使得在轻量化的同时保持准确性，同时降低计算瓶颈与内存成本。

4.2.2 样本库构建与模型训练

风力发电站训练样本数据集由谷歌地球数据采集得到,涵盖全国沿海各省(区、市),样本成果具备一定的统计学优势。样本共含 3200 张,采用样本与标签一一对应的格式进行组织。样本图像的大小为 1810 px×874 px。样本分辨率约为 0.2 m(图 4.7)。

图 4.7 风力发电站单张样本示例

YOLO v5 规定了输入数据集格式,即按照 Pascal VOC 格式进行组织,而后在其基础上进行自动化处理。Pascal VOC 格式最初是首届举办自 2005 年的 Pascal VOC 目标检测大赛所采用的官方数据格式,由于其应用广泛且成熟,逐步被列为推荐格式之一。Pascal VOC 格式为数据对应标签的形式,不对数据大小做出规定。其标签文件为 XML 格式,包括关键字段:

(1)folder(文件夹),filename(文件名),database(数据库名);

(2)annotation(标记文件格式);

(3)size(图像尺寸),width(宽),height(高),depth(通道数);

(4)object,name(标签名)。

Pascal VOC 通常包含如下文件夹:Annotations、ImageSets、JPEG Images。其中,JPEG Images 用于存放所有图片信息,包括训练图片和测试图片;Annotations 用于存放 XML 格式的标签文件;ImageSets 用于存放训练集、测试集等文件列表,主要包括 rain. txt、val. txt、trainval. txt 等。

在此基础上,YOLO v5 将标签格式由 VOC 自主性地转换为 txt 格式,并在 txt 中按框号、左上坐标值、右下坐标值的形式说明标签中每一标注框的信息。经测试,该转换能够显著提升模型速度。将 3200 张样本数据集按照 9:1 的格式划分为训练集和测试集。使用 YOLO v5 模型对样本库进行训练。模型在 170 轮训练后到达极值,训练集精度为 0.989,损失值下降至 0.016(图 4.8)。

4.2.3 目标识别实践与精度评价

目标识别试验区位于山东省沿海风力发电站较为集中的区域,长约 80 km,宽约 25 km,主要包括东营市河口区、滨州市沾化区、东营市利津县的部分沿海区域,影像数据源来自谷歌影像,影像空间分辨率约为 0.2 m(图 4.9)。

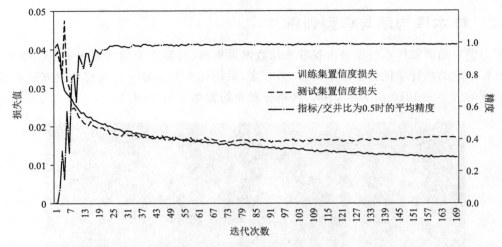

图 4.8　模型训练过程

图 4.9　风力发电站目标提取试验区位置范围和影像

使用调试好的 YOLO v5 模型,对试验区的风力发电站进行目标识别,模型给出了风车的数量和位置信息(图 4.10)。通过目标框的位置,结合目标影像的地理位置,可以反算出目标框中心点的地理位置,得到模型检测出的风车点位分布图(图 4.11)。目标识别算法共检测出风车数量 621 座,多分布于养殖池附近,并沿道路间隔分布。

图 4.10　目标识别检测结果示例

图 4.11　风力发电站目标识别结果及影像分布图

对照同区域的风车点位目视解译结果,目标识别模型对于风车的检测大部分准确且合理,在检测的 621 座风车中,准确检测出的风车数量 534 座,漏检 98 座,错分 87 座(图 4.12)。模型最终识别的准确率为 86.0%,召回率为 84.5%,f_1 值为 85.2%。

- 准确分类
▲ 漏分类
● 错分类

图 4.12　模型检测结果与目视解译结果对照

对照影像发现,漏检主要受影像边缘效应影响,错分主要发生在边缘特征与风力发电站相似的地物,如部分养殖池边缘和形状接近的主题公园、构筑物等,部分错检案例如图 4.13 所示。

图 4.13　典型错检案例

4.3　基于 U-net 的海水养殖范围提取

4.3.1　网络搭建

海水养殖分割算法采用基于 U-net 神经网络的深度学习目标检测。U-net 网络于 2015 年国际医学图像计算和计算机辅助干预（Medical Image Computing and Computer-Assisted Intervention，MICCAI）会议首次公开，用于医疗影像分割。由于简洁的设计、高效的分割精度，该网络被广泛运用于包括遥感影像分割在内的各个方面。U-net 网络由下采样（编码）和上采样（解码）2 个部分构成，下采样用于提取图像特征，上采样用于恢复下采样学习获取的特征细节。在 U-net 网络中下采样部分由 5 个节点构成，前 4 个节点中每个节点由 2 个 3×3 卷积处理和 1 个 2×2 降尺度最大池化处理构成，最后一个节点由 2 个 3×3 卷积和 1 个 2×2 升尺度最大池化处理构成。上采样由 4 个节点构成，每个节点由 2 个 3×3 卷积处理和 1 个 2×2 升尺度卷积处理组成。此外，由于下采样和上采样之间使用直连网络连接，网络能够获取图像在不同尺度上的特征，进而提升网络分割能力。除输出层外，U-net 每层以 3 层卷积构成，层间采用池化或上采样的方法实现特征的提取和整合，最后一层将之前所有提取出来的特征做二分类（图 4.14）。

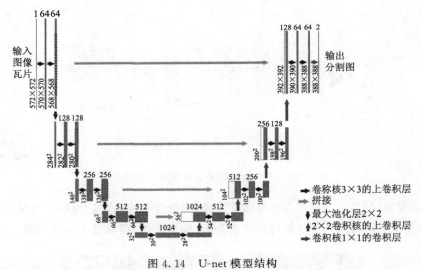

图 4.14　U-net 模型结构

与传统神经网络相比，U-net 共进行了多次上采样，并在同一个尺度级使用了跳层连接，这样就保证了最后恢复出来的特征图融合了更多的低维度级别的特征，也使得不同尺度的特征得到了融合，从而可以进行多尺度预测。

4.3.2　样本库构建与模型训练

训练样本数据集由谷歌地球数据随机采集得到，样本图像的大小为 1810 px×874 px，涵盖全国沿海各省（区、市），样本共 5000 余张，样本分辨率约为 0.2 m，影像与对应标注样式如图 4.15 所示。

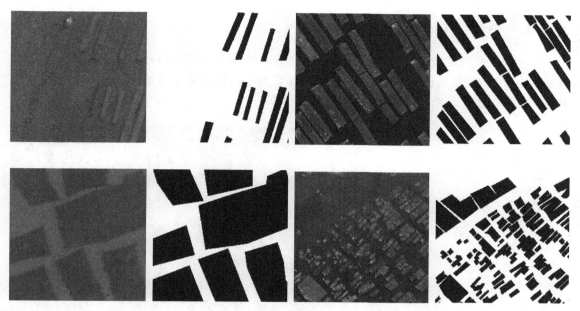

图 4.15　海水养殖样本和标注示例

将样本数据以 6∶2∶2 划分为训练数据集、验证和测试数据集。本次脚本编译环境为 Python 3.8,使用平台为 Windows 10 操作系统,硬件配置为 i7-9700k 以及 GTX 2080×3。U-net 模型使用 Keras 2.5 构建(后端 Tensorflow 2.6),CUDA 版本 11.3,cuDNN 版本 8.2。优化器使用 Adam,学习率设置为 0.001,训练迭代 80 次,batch 大小为 8。

模型的训练精度如图 4.16 所示。随着迭代次数的增加,模型训练的损失率逐渐降低,同时准确率逐渐上升。保留最小验证损失值对应的模型参数,基于该模型参数对测试样本进行预测,计算召回率、精确率、准确率和 F_1 值。得到模型精度为:准确率 0.9592,F_1 值 0.9067,精确率 0.9003,召回率 0.9141。

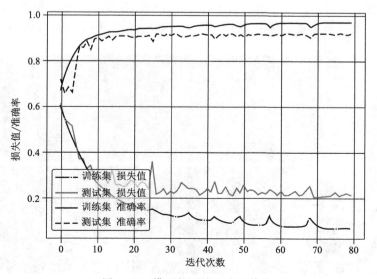

图 4.16　模型的训练和验证精度

4.3.3　分割试验与精度评价

海水养殖分割试验区位于为福建省莆田市兴化湾部分海域。福建省兴化湾水域面积为 369.22 km²，该湾略呈长方形，由西北向东南展布拥有广阔的海岸资源以及滩涂和水产养殖基地。研究区位置与影像如图 4.17 所示。

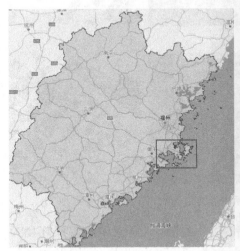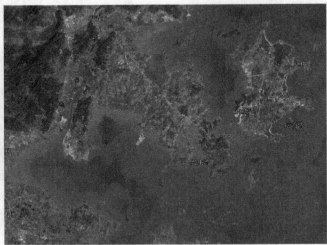

图 4.17　海水开放养殖区位置和影像

考虑到选取样本影像时并未将陆地范围囊括入样本内，模型无法充分学习到陆地特征。因此人工事先从试验区影像中剔除陆地区域占据范围较大的影像，最终获得 46 张尺寸为 2560×2560 的预测集，将其裁切为 4600 张 256×256 的预测影像，并对最终预测结果进行拼接还原，方便与原预测集进行对比。使用训练好的网络，对试验区范围内的海水养殖区范围进行提取，提取效果依赖影像源的图片质量。影像底图清晰，海水养殖水面和背景底色区分度好，提取结果精度较高（图 4.18）。反之，影像质量较差，养殖水面和其他地物的区分度低，提取精度较差，漏分和误分现象较明显，如图 4.19 中圈出部分，均为漏分或误分现象。

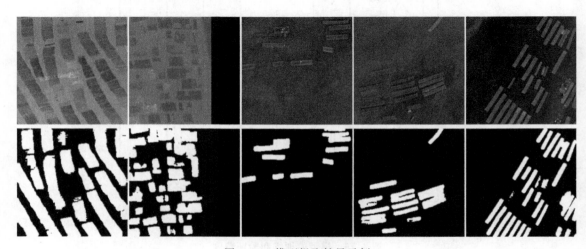

图 4.18　模型提取结果示例

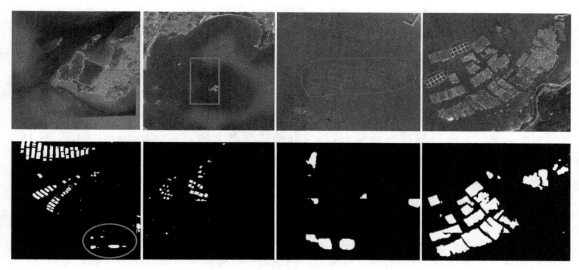

图 4.19　海水养殖水面漏分或错分示例

　　整体来看,模型能较好地识别区分养殖水域,并保持较为完整的形状特征。但是,因缺少陆地样本,对陆地上部分颜色较深的植被、陆地水体中的人工构造物以及水生作物有较为明显的误分。应针对性地补充陆地样本,使模型充分学习陆地地物特征以减少误分现象;并考虑增加样本聚类,让模型通过多类别监督,使损失函数更有效地工作,提升模型判别能力。

4.4　基于 U 型网络改进的红树林提取

4.4.1　分类网络搭建

　　卷积神经网络的一大优势在于可以学习到相对更加抽象的特征,但在学习特征的过程中会降低分辨率。为了完成最终的分类任务,卷积神经网络通常会利用上采样等措施以恢复分类结果的分辨率,但得到的结果往往过于平滑,无法满足复杂场景下的分类要求。为提升卷积神经网络在医学影像分割领域的效果,Ronneberger 等(2015)提出了 U 型卷积神经网络。U型网络仍可看作是先降低、后升高分辨率的过程,不同的是加入了同维度共同作用机制,即同时保留降低与升高两端操作中分辨率相同的特征并进行结合。该操作使得网络能够兼顾分辨率与特征,提升了卷积神经网络在遥感等复杂影像上的分类精度。基于该优势,U 型网络逐渐成为重要的网络架构之一。

　　在此基础上,将非线性整流节点加入到网络中。U 型网络由多个被称作节点的相似结构组成,节点的主要组成包括卷积层、激活层、(上)下采样层。U 型网络架构默认在所有节点中使用线性整流函数(ReLU)作为激活函数,如式(4.6)所示:

$$f(x) = \max(0, x) \tag{4.6}$$

式中,$f(x)$ 为激活层输出;x 为激活层输入。但越来越多的研究表明,ReLU 对于负值的完全截断略显粗暴,不利于网络进行参数传递,且完全线性的激活函数对特征提取来说并非最优解。通过引入非线性整流激活方法 Mish 来改进这个问题。Mish 的表达式如式(4.7)所示:

$$f(x) = x \cdot \left\{ \frac{\left[e^{\ln(1+e^x)} - e^{-\ln(1+e^x)} \right]}{\left[e^{\ln(1+e^x)} + e^{-\ln(1+e^x)} \right]} \right\} \tag{4.7}$$

式中,$f(x)$ 为激活层输出;x 为激活层输入。Mish 在负值处的容许部分值通过,对于正值部分也并非线性而是对接近 0 值的部分有一定的加强。对于网络构型来说,Mish 对连接节点间的参数传递具有积极意义。

U 型网络相对比较复杂,为使网络充分发挥其提取能力,选择一种合适的参数更新方法就显得至关重要。在红树林的提取中,选择在随机梯度下降方法(Stochastic Gradient Descent,SGD)中加入预热重启(Warm Restarts)以保证网络能达到最佳效果。

由于 U 型架构在降低与升高两端的特征之间存在差异,且随着网络层次的加深,两端差异愈发显著,因此制约了 U 型网络的分类能力。密集连接策略是指在网络中加入更多节点,使得每一层级不再只有两端的特征,因而可以将多个节点的特征进行结合以规避上述问题。同时将所有节点两两连接,提升模型的分类能力。但复杂地物分布往往较为平滑,且与其他地物类型的区分较不明显,将所有浅层特征加入网络对于复杂地物提取往往不尽如人意。

为减少上述问题对分类结果的影响并提升网络的泛用能力,在密集连接策略的基础上,对以红树林提取为例的复杂地物分类问题进行优化,提出一种半密集连接策略。半密集连接策略减少了浅层特征在网络中的比重,通过将密集连接中的浅层节点缩减以达成目的。在红树林提取任务中,通过多次实验,将首层节点缩减为 4 个,次层缩减为 3 个,同时将网络加深至 6 层。最终的网络架构如图 4.20 所示。

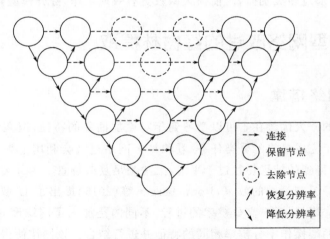

图 4.20 改进网络结构

4.4.2 样本库构建与模型训练

红树林生长在沿海滩涂,在我国主要分布在广东、广西、海南、福建等地,由于红树林生长环境与其他林草比较接近,为了提高模型的分辨精度,在制作样本的时候,对相近类别和其他差异较大的类别进行了分类,根据数据集的标签种植土地(01)、人工地表(02)、林地(03)、草地(04)、水面(05)、红树林(06)。训练样本数据随机选自广西、广东近海海域,样本采集自谷歌地球影像,空间分辨率约为 0.2 m,样本数量约 5000 个,影像与对应标注样式如图 4.21 所示。

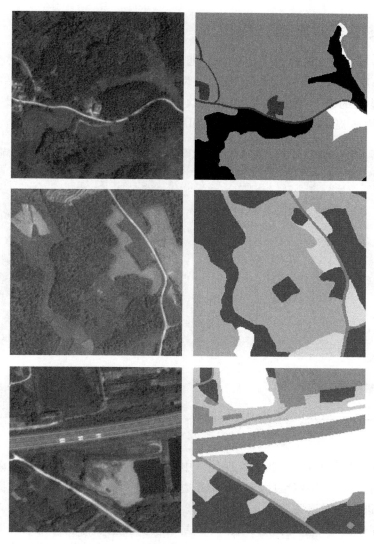

图 4.21　红树林训练样本及标注示例

　　按 6：2：2 的比例将数据集随机划分为训练集、验证集和测试集。使用构建的训练集与验证集填入网络中进行训练,网络训练及验证过程的精度变化如表 4.1 所示。本章节提出网络构型在训练集中获得最佳精度为 98.99%,验证集中获得 93.03%,二者相差不大,证明网络所提取特征具有较高的泛化特性,能够较好地完成红树林提取任务。

表 4.1　模型精度评估

训练轮次	训练精度/%	验证精度/%
50	85.69	70.91
100	86.27	85.16
200	97.94	86.47
227	98.99	93.03
模型精度/%	89.63	

4.4.3 分类提取试验与精度评价

基于深度学习提取红树林的试验区为广西北海市沿海区域,该区红树林分布较为广泛。研究以广西沿海岸 20 km 作为试验区,依照该网络得到北海市红树林提取结果如图 4.22 所示。模型提取得到的北海市红树林面积为 4460.78 hm²,共 710 斑块,最大斑块面积约 193.39 hm²,受限于提取精度,可信最小斑块面积约为 0.01 hm²。

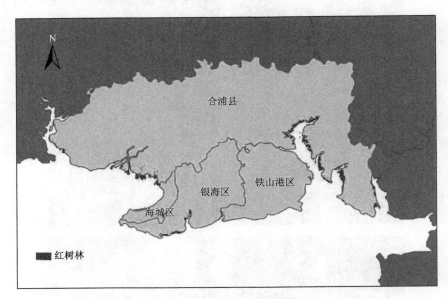

图 4.22 北海市红树林分布

而通过与数据进行对比后,我们发现误差中的相当一部分发生于潮沟。潮沟是红树林识别的一个难点。其次,改进网络的结果存在着边缘不够锐利的问题。通过对提取结果进行分析,我们发现改进网络对于某些狭长分布区域会在海域一侧产生一定的错分,对于某些小面积的零散分布则存在提取不全的问题。最后,误差也较多发生于稀疏与淹水区域。对于此类区域,网络在红树林分布较为连续的区域提取效果较好,但在红树林呈离散分布的区域效果不佳(图 4.23)。

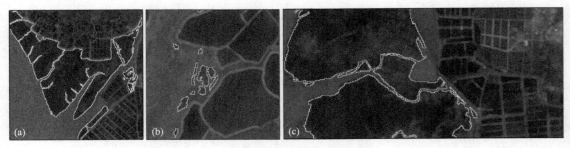

图 4.23 典型误差出现的区域

(a)潮沟红树林;(b)零散分布;(c)稀疏的红树林

下篇

海岸带遥感监测分析

　　海岸带地处海洋、陆地和大气三种介质相互交接、相互作用的地带,同时叠加生物和人类作用,导致海岸因子、格局和过程的各要素复杂错综。为此,需要抓住海岸带典型因子以表征其空间利用变化、生态格局分异和环境过程跃变,发掘海岸带的变化规律及所存在的问题,为海岸带管理和修复提供方向和数据支撑。本篇从海岸线、海岸带地表覆盖、典型要素三个维度,分析海岸开发利用及地表环境变化。第5章围绕2000—2015年海岸线的空间位置、形态和属性的变化,分析15年来中国大陆海岸开发利用的时空变化。第6章从沿海省(区、市)县域范围地表覆盖的变化角度入手,综合分析了地表覆盖的动态变化和重要类型的流入流出方向,并探究地表覆盖变化的纵深变化规律。第7章围绕人工养殖池、红树林、风力发电站、光伏发电站四种典型海岸带要素,探究典型要素的变化趋势,掌握海岸带经济和生态环境的基本变化规律。本篇从海岸线、海岸带地表覆盖和典型要素三个维度,探究海岸空间和生态的指征,开展海岸带遥感变化分析,从时间、空间和属性三方面解构海岸带空间利用和生态环境状况及其变化。《望如》之"分析曲折,昭然可晓",故本篇或可名"昭析篇"。

第 5 章　2000—2015 年中国大陆岸线变化多视角综合分析

海岸线作为海陆分界线,承载着丰富的环境信息,对海陆相互作用、人类作用及沿海滩涂、湿地生态系统及近岸海洋环境有着重要的指示作用。2000 年以来,我国海岸带区域成为最具经济活力和竞争能力的区域,为了弥补土地资源的短缺,填海造地大量兴起,引发了我国岸线的剧烈变化。本章节探讨基于遥感影像的海岸线数据制作,量化海岸线的性质改变和空间位移,通过多视角分析,对我国大陆岸线的稳定性和开发利用程度情况进行全方位的解析。

5.1　海岸线监测分析研究进展

对海岸线变化的研究主要集中于两个方面:通过海岸线变化的速率及变化所引起的陆海面积变化来刻画海岸线的时空变化特征;分析海岸线时空变化的特征与趋势,并探讨气候、地质、人类活动等因子对海岸线变化的影响作用。国家尺度具有代表性的研究工作有:美国地质勘探局(USGS)于 20 世纪末开展的"海岸线变化项目(Shoreline Change Project)",对分析海岸线变化的多种线性速率的优劣性、适宜性等进行评价和总结。近年来,进一步启动"国家海岸线评价项目(National Shoreline Assessment Project)",提出海岸线位置空间相关性概念,研究考虑相邻位置海岸线相关性的多项式拟合模型,分析其在计算海岸线变化速率及加速度方面的适宜性,以期提高对海岸线非线性变化的表达能力。此外,Robinson(2004)利用航空摄影和地形图等分析了某区海岸 1941—1991 年岸线的变化模式。Meyer 等(2008)利用不同来源和分辨率的 DEM 数据集,通过沉积物运移模型软件包(SEDSIM)分析位于波罗的海 Darss-Zingst 半岛海岸线的未来变化趋势。比利时列日(Liege)大学的 Tigny 等(2001)利用 1977—2000 年的卫星遥感影像数据分析意大利塞丁尼亚海岸(Sardinia)变迁情况,探索海岸线演化趋势与海草 *Posidonia oceanica*(L.)*Delile* 变化的关系。研究表明,部分岸段的地形、生物沉积、海滩坡度,尤其是沿海沙地的变化,与 *Posidonia oceanica*(L.)*Delile* 的演化有一定的关系。罗马尼亚国家资源与发展研究所的 Zoran 等(2006)利用多时相(1975—2003 年)、多波段的卫星遥感影像数据(Landsat MSS、TM、ETM、SAR ERS、ASTER、MODIS)对黑海西北海岸带进行了动态评估。

我国大陆岸线漫长曲折,海岸带区域利用方式多样,全面掌握海岸线的时空分布变化需要处理大批量的遥感影像,工作量巨大。目前国内海岸线的长时间序列变迁大多针对典型区域开展研究,不能从整体上把握中国大陆岸线的时空变迁特征。个别学者对北方、甚至全国大陆岸线的时空特征进行了探究,面向全国范围的研究主要关注海岸线分形维数及其变化、海岸线空间位置与开发利用程度的时空动态特征,一定程度上弥补了海岸线宏观分析的缺陷,然而分析角度较单一,反映问题较为局限。因此,需要加强对海岸线宏观尺度、长时间序列、多角度分析的系统性、完整性的研究。

5.2　大陆岸线数据制作与分析方法

5.2.1　数据源

本研究对象为中国大陆岸线,其范围北起中朝边境的鸭绿江口,南至中越边境的北仑河口,依次跨越辽宁、河北、天津、山东、江苏、上海、浙江、福建、广东、广西 10 个沿海省(区、市)。制作大陆岸线的遥感数据源为 2000 年的 Landsat TM、2015 年的 Landsat OLI 共 68 景影像,典型区域采用资源三号、高分二号等高分辨率遥感影像验证精度。

5.2.2　海岸线数据制作

参考我国近海海洋综合调查与评价专项(简称"908"专项)有关大陆岸线的界定原则(国家海洋局 908 专项办公室,2005),采用平均高潮线的痕迹线作为海陆的分界线。岸线按属性分为自然岸线和人工岸线,自然岸线指没有经过人为干扰、自然海陆作用天然形成的大潮平均高潮线的痕迹线,人工岸线指由人工设施外围划分的海陆分界线。

利用 ENVI 软件完成遥感数据预处理,包括辐射定标、几何校正、大气校正、镶嵌、裁剪等。考虑到 2015 年影像质量比 2000 年影像质量有所提升,本研究采用倒叙更新的方法采集海岸线。首先利用第 2 章提出的海岸线提取方法,对 2015 年海岸线的位置进行解译,并根据影像特征赋予岸线的属性类型。将 2015 年海岸线作为本底数据,对照 2000 年影像,对类型与空间位置发生变化的区域进行目视更新,得到 2000 年海岸线数据,有效避免了不同期影像产生的伪变化带来的"双眼皮"现象。本研究基于 2015 年海岸线典型样点与高分影像对应点距离量测,均方根误差约为 11.62 m,满足最大允许误差。

5.2.3　海岸线变化分析方法

5.2.3.1　分形维数

分形维数能够反映海岸线形状的弯曲与复杂程度。利用网格法计算中国大陆岸线分形维数,即采用不同长度的正方形网格(设边长为 $r(N)$)连续且不重叠地覆盖被测海岸线。网格数目 N 随着网格长度 $r(N)$ 的变化而出现相应变化,具体计算公式如下:

$$D = \frac{-\log_2 N}{\log_2 r(N)} \tag{5.1}$$

式中,D 为海岸线的分形维数,D 越接近 2,表示海岸线的弯曲和复杂程度越高;N 为网格数目;$r(N)$ 为网格长度。

5.2.3.2　变化速率

计算和分析岸线变化速率是反映岸线变化的一种有效方式。剖面法是海岸线纵向变化分析的常用方法之一。本研究利用数字岸线分析系统(Digital Shoreline Analysis System,DSAS)定量、定性研究中国大陆岸线的变化速率。将海岸线向陆方向做缓冲区,建立与海岸线走向基本一致的基线,每隔 1 km 投射与所有时相岸线均相交的剖面线,共生成 8151 个有效剖面线。利用端点速率法计算 2000 年、2015 年首末时相的岸线变化速率,具体计算方法如下:

$$\mathrm{EPR}_{m(i,j)} = \frac{D_{mi} - D_{mj}}{T_{m(i,j)}} \tag{5.2}$$

式中，$\mathrm{EPR}_{m(i,j)}$ 为 m 剖面在 i 与 j 时相间岸线变化的端点速率；D_{mi} 与 D_{mj} 分别为 m 剖面上 i 与 j 时相岸线与剖面的交点至基线的距离；$T_{m(i,j)}$ 为 i 时相与 j 时相的时间间隔。

5.2.3.3　岸线稳定性

岸线稳定性是指海岸线在自然或人为影响作用下，向海推进或向陆后退的剧烈程度，也是反映岸线变化剧烈程度的指标。按照海岸线变化速率的强度，将变化的岸线分为稳定岸线、岸退岸线、岸进岸线、强烈岸退岸线、强烈岸进岸线五个级别（表 5.1）。借鉴张云等（2015）的研究方法，稳定性指数计算方法如下：

$$E = \frac{R_s}{R_c} \tag{5.3}$$

式中，R_s 为稳定岸线、岸退岸线和岸进岸线长度占大陆岸线总长度的比例；R_c 为强烈岸退和强烈岸进岸线长度占大陆海岸线总长度比例；E 值越大表示岸线变化越小，稳定性越好。

表 5.1　海岸线变化强度分级标准　　　　　单位：m

分级标准	强烈岸退岸线	岸退岸线	稳定岸线	岸进岸线	强烈岸进岸线
海岸线变化速率	$(-\infty, -100)$	$[-100, -30)$	$[-30, 30]$	$(30, 200]$	$(200, \infty)$

5.2.3.4　岸线开发利用负荷度

为了量化海岸线开发利用情况，学者们提出了开发利用负荷度指标，用于分析中国大陆海岸线资源开发利用特征，并通过加入时间间隔对区域海岸开发利用负荷度的影响，改进了海岸开发利用负荷度公式。本研究采用改进的海岸开发利用负荷度公式，基本思路如下：以不同时段海岸线数据为基础，量测海岸变迁的面积，以单位时间上单位岸段开发利用的面积来表示海岸线年均开发利用负荷度，然后分级评价。

某一段海岸的年均开发利用负荷度的计算公式为：

$$P_i = \frac{A_i}{L_i} \times \frac{1}{T} \tag{5.4}$$

式中，P_i 为第 i 段海岸年均开发利用负荷度（$\mathrm{hm}^2/(\mathrm{km} \cdot \mathrm{a})$），$A_i$ 为海岸开发的面积，L_i 为海岸开发对应的早期岸线长度，T 为研究时段长，通常以年为单位。

以所有被开发岸段的开发利用负荷度的均值表征区域海岸线开发利用负荷度，计算公式如下：

$$P = \frac{\sum_{i=1}^{n} L_i}{L} \times \frac{1}{n} \times \sum_{i=1}^{n} P_i \tag{5.5}$$

式中，P 为区域海岸线开发利用负荷度；n 为开发海岸的岸段数量；L 为区域海岸线总长度。

5.3　2000—2015 年中国大陆岸线变化分析

以上海为界，上海以北的"四省一市"（辽宁、河北、山东、江苏、天津）的海岸线定义为北方海岸线，上海及上海以南的省（区、市）海岸线定义为南方海岸线，并从长度与结构、分形维数、基于剖面的变化速率与稳定性及岸线开发利用负荷等方面分析中国大陆岸线时空变化。

5.3.1　海岸线长度与结构

2000 年、2015 年中国大陆岸线长度分别为 15113 和 16829 km,呈增长趋势(增加 1716 km)。从空间角度分析,2015 年广东海岸线最长,上海、天津海岸线较短。从时间角度分析,辽宁海岸线长度变化量最大,增长了 388.69 km,锦州西海工业区、盘锦辽滨经济开发区、大连港等海岸工程导致海岸线长度的变化;其次为福建、河北,海岸线分别增长了 277.74、256.9 km;天津海岸线长度年均变化率最大,为 7.64%,其次为河北,为 4.06%,再次为辽宁、江苏,分别为 1.39%、1.10%,广东海岸线年均变化率最小,为 0.26%,最后为上海、福建,分别为 0.28%、0.30%。由此看出,南方海岸线变化平缓,北方变化剧烈,天津和河北所在的环渤海地区变化最剧烈。

近 15 年来,自然岸线长度由 2000 年的 5251.69 km 下降至 2015 年的 4901.94 km,海岸线的人工化规模大、强度高、变化显著。从区域上看,南方自然岸线占比由 2000 年 38.22% 降至 2015 年 34.52%,北方自然岸线则由 30.47% 减少至 21.52%。可见,南北方海岸线均呈现"自然岸线减少,人工岸线增加"的特征;北方人工岸线长度增幅较大,环渤海地区的岸线人工化率明显高于其他区域。从沿海各省(区、市)横向比较看,天津几乎全为人工岸线,上海人工岸线占比高达 90% 以上,天津滨海新区及近邻海域经济区、浦东新区的建设等填海造地活动是导致天津、上海岸线人工化的重要原因(图 5.1)。

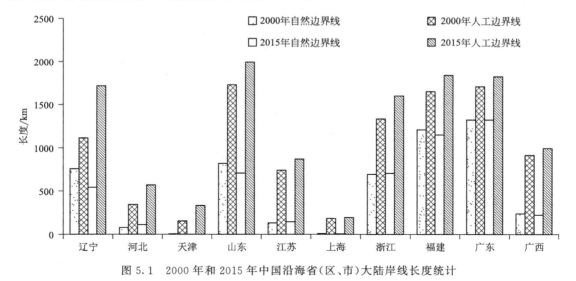

图 5.1　2000 年和 2015 年中国沿海省(区、市)大陆岸线长度统计

5.3.2　海岸线分形维数

利用网格法计算了中国大陆岸线的分形维数(图 5.2)。整体来看,2000—2015 年,中国大陆岸线分形维数呈增长趋势,岸线形状趋于复杂,其变化趋势与海岸线长度变化趋势基本一致。南北方海岸线相比,分形维数具有"北方<整体<南方"的宏观格局特征。除广东外,南方沿海各省(区、市)海岸线分形维数呈缓慢增长趋势,广东大型的围填海活动、一些曲折的自然岸线和海湾"裁弯取直",使得分形维数呈微小的下降趋势,北方沿海省(市)海岸线分形维数增长趋势明显。其中,天津海岸线分形维数跃升变化最大,与其海岸线长度年均变化趋势一致,河北的海岸带工程如曹妃甸港口、黄骅港的建设等围填海工程对分形维数的变化影响显著。

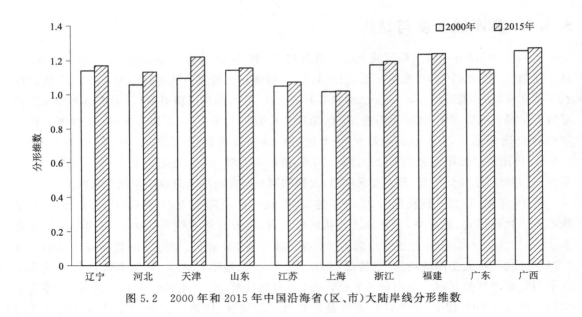

图 5.2　2000 年和 2015 年中国沿海省（区、市）大陆岸线分形维数

5.3.3　海岸线开发利用速率及稳定性

利用端点速率法计算出 2000 年、2015 年两期海岸线的变化速率（图 5.3），正值表示海岸线向海扩张，负值表示向陆回缩。结果表明：总体上，2000—2015 年中国大陆岸线以向海扩张为主，平均变化速率为 33.03 m/a；同时部分区域海岸线出现向陆回缩的情况。南北方相比，北方岸线向海扩张趋势比较集中，且扩张程度较大，变化速率为 55.57 m/a，南方海岸线变化速率为 16.88 m/a，远远小于北方海岸线变化速率，北方省（市）的海岸线活动更剧烈。向海扩张的显著区域主要分布在辽河三角洲、渤海湾至黄河三角洲沿岸、江苏中部至杭州湾等，变化速率的高值区出现在辽宁省瓦房店和珠海市；侵蚀严重的区域出现在江苏北部废黄河口附近。

2000—2015 年，开发利用的大陆岸线长度约 4540 km，占大陆岸线总长度的 30.02%。主要分布在环渤海区域（天津、河北）、长三角区域（江苏、上海）。究其原因，一是海岸底质为淤泥质便于开发，二是这些区域经济较发达。广东、广西、福建开发利用负荷度较低，岸线曲折，多为基岩海岸，不利于开发。总体来看，北方地区岸线开发利用程度高于南方地区。

中国大陆岸线稳定性格局空间分异较大，位于南方的广西、广东、福建的海岸线稳定性较高，北方沿海省（市）海岸线稳定性普遍较差。整体来看，全国大陆海岸线的稳定性指数为 2.97，天津、河北、江苏、辽宁、上海、浙江的稳定性指数低于全国平均值，稳定性相对较差（图 5.4）。

5.3.4　海岸线开发利用负荷

根据岸线年均开发利用负荷度计算结果，将中国大陆岸线开发程度分为 5 个等级：未开发岸段（$P=0$）、轻度开发岸段（$0<P<1$）、中度开发岸段（$1\leqslant P<2$）、较重开发岸段（$2\leqslant P<4$）和重度开发岸段（$4\leqslant P$）。结果显示，全国大陆开发利用的岸线中，重度开发利用类型超过一半，较重度开发利用的岸段占比为 16.65%。中度和轻度开发岸段分别占开发利用岸段总长度的 13.53% 和 17.66%。从总体开发利用程度上来看，大陆岸线的开发利用负荷度较高。

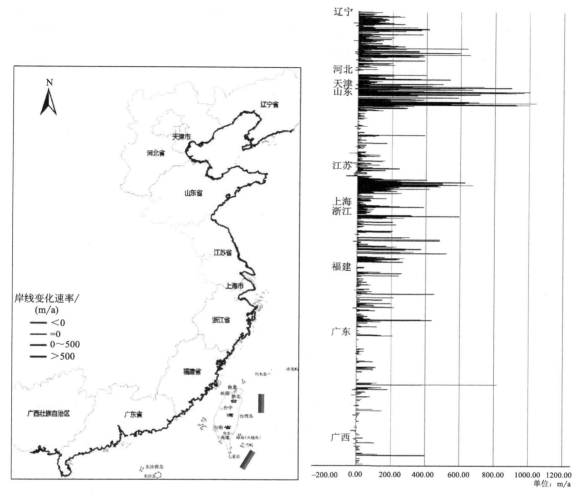

图 5.3　2000—2015 年中国大陆岸线变化结构剖面示意图

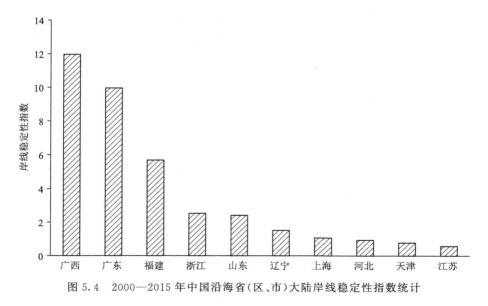

图 5.4　2000—2015 年中国沿海省(区、市)大陆岸线稳定性指数统计

横向比较来看,开发利用负荷度最高的为河北(5.48),属于重度开发类型;其次为江苏、天津,开发利用负荷分别为2.91、2.03,属于较重度开发类型;上海、辽宁、浙江的开发利用负荷分别为1.47、1.15、1.08,属于中度开发利用类型;山东、福建、广东、广西的开发利用负荷度小于1,属于轻度开发利用类型(图5.5)。

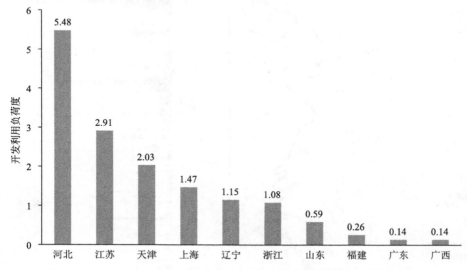

图 5.5 2000—2015 年中国沿海省(区、市)大陆岸线年均开发利用负荷度

全国沿海省(区、市)中,以重度和较重度为主要开发利用类型的有江苏、天津、上海、浙江、河北、山东、辽宁,重度开发利用岸段占比分别为 76.75%、76.32%、68.71%、65.02%、62.74%、54.65%、49.65%。福建、广东、广西的重度开发利用岸段比例均小于 30%,以轻度和中度开发利用类型为主(图5.6)。

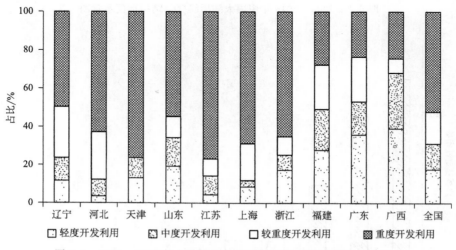

图 5.6 2000—2015 年大陆岸线开发岸段的开发利用程度结构占比

5.4　本章小结

本章节通过遥感提取得到 2000 年和 2015 年中国大陆岸线时空变迁数据,从长度与结构、岸线分形维数、岸线变化速率与稳定性以及开发利用负荷等方面分析了中国大陆海岸线的变化特征,主要结论如下。

(1)2000—2015 年,在人类活动与自然因素的综合影响下,中国大陆岸线呈增长趋势,共增加 1716 km;岸线结构变化剧烈,人工岸线剧增,自然岸线锐减。

(2)2000—2015 年,中国大陆岸线分形维数呈增长趋势,海岸线形状趋于复杂,其变化趋势与海岸线长度变化趋势基本一致。南北方海岸线相比,分形维数具有"北方<整体<南方"的宏观格局特征。

(3)2000—2015 年,基于剖面的中国大陆岸线年均变化速率为 33.03 m/a,各省(区、市)海岸线以向海扩张趋势为主,且均有规模较为显著的向陆回缩。岸线的变化及稳定性具有显著的空间差异性,北方海岸线向海扩张趋势较集中、扩张比例较大、海岸线活动更剧烈。而南方海岸线的稳定性较高。

(4)2000—2015 年,中国大陆岸线约 30% 为开发岸线,开发岸线以重度开发为主,海岸开发空间差异较大,北方岸线承受的开发利用负荷更大。

第6章 海岸带地表覆盖变化分析

地表覆盖承载着生态环境和人类开发利用的综合信息,是开展地表变化研究的基础,同时也是人类开发利用活动影响的重要指征。近年来,我国海岸带区域经济活跃,地表利用方式变化多端,通过对地观测技术开展地表覆盖变化研究,能从宏观上反映出人类开发利用海岸带的强度及利用方向。本章节从海岸带定义和范围入手,研究探讨纳入海岸带特色地表覆盖类型的分类体系,在高分辨率遥感影像支持下,开展 2015—2018 年海岸带地表覆盖时空变化研究分析,以期为海岸带开发利用和资源保护提供信息支撑。

6.1 海岸带定义和范围

海岸带是指海陆之间相互作用的地带,它是海岸线向陆海两侧扩展一定宽度的带状区域,包括陆域与近岸海域。目前,关于海岸带的范围,国际上尚未形成统一的界定标准,由各国根据管理用途自行设定。美国的做法比较成熟,且形成了比较完整的海岸带边界体系。1972年,美国颁布《海岸带管理法》,规定海岸带是指沿海县和彼此之间交互影响的临海水域(包括其中和其下的水域)。这一地带包括岛屿、过渡区与潮间带、湿地和海滩。向海一侧,大部分为向海 3 海里①的领海。向陆一侧大部分是沿海省(区、市)县域单元,个别为州行政单元、自然标志、环境单元划分界限。我国近海海洋综合调查与评价专项调查范围以潮间带为中心,自海岸线向陆延伸 1 km;向海延伸至海图 0 m 等深线。在本章节的海岸带地表覆盖变化分析中,海岸带陆域范围为沿海省(区、市)县域行政单元,海域范围取海陆分界线向海约 5 km 的近海海域,不含港澳台地区,覆盖面积约 30 万 km^2。

6.2 海岸带地表覆盖分类

海岸带地表覆盖分类的数据源为空间分辨率优于 1 m 的高分辨率遥感影像,主体影像为国产高分影像,以高分 2 号(GF2)、高分 1 号(GF1)、北京 2 号(BJ2)为主,缺失地区使用资源三号 ZY-3、GeoEye-1、WorldView-2、WorldView-3 等作为补充。数据时相在 1—12 月均有分布,以 5—10 月的夏、秋季影像为主。

分类体系参考地理国情普查和监测的分类体系,突出海岸带开发利用的地类和要素,将其分为种植土地、林草覆盖、房屋建筑、道路、构筑物、人工堆掘地、裸露地表、水域 8 个一级类,红树林、其他林地、草地等 25 个二级类(表 6.1)。采用第 3 章面向对象的分类方法和目视解译相结合,对中国 11 个沿海省(区、市)的海岸带地表覆盖进行解译,得到 2015 年和 2018 年全国海岸带地表覆盖分类结果(不含港澳台),经与地理国情成果相比较,分类精度达到 88% 以上。

---

① 1 海里=1.852 km(中国标准)。

表 6.1　地表覆盖内容指标体系与采集要求

一级类	二级类	含义
种植土地		指经过开垦种植粮农作物以及多年生木本和草本作物,并经常耕耘管理、作物覆盖度一般大于 50% 的土地。包括熟耕地、新开发整理荒地、以农为主的草田轮作地;各种集约化经营管理的乔灌木、热带作物以及果树种植园和苗圃、花圃等
林草覆盖		指实地被树木和草连片覆盖的地表。包括乔木、灌木、竹类等多种类型,以顶层树冠的优势类型区分该类下级各类类型;包括草地覆盖度在 5%～10% 的各类草地,含林木覆盖度在 10% 以下的灌丛草地和疏林草地
	林地	指成片的天然林、次生林和人工林覆盖的地表。包括乔木、灌木、竹类等多种类型,以顶层树冠的优势类型区分该类下级各类类型
	低覆盖草地	指覆盖度为 10%～20% 的天然草地,此类草地缺乏水分、草被稀疏、牧业利用条件较差
	其他草地	除低覆盖度草地外的草地
房屋建筑		包括房屋建筑区和独立房屋建筑。房屋建筑区是指城镇和乡村集中居住区域内,被连片房屋建筑遮盖的地表区域。具体指被外部道路、河流、山川及大片树林、草地、耕地等形成的自然分界线分割而成的区块内部,由高度相近、结构类似、排布规律、建筑密度相近的成片房屋建筑的外廓线围合而成的区域。独立房屋建筑包括城镇地区规模较大的单体建筑和分布于分散的居民点、规模较小的散落房屋建筑
	独立房屋建筑	包括多层及以上独立房屋建筑、低矮独立房屋建筑两类
	房屋建筑区	包括多层及以上房屋建筑区、低矮房屋建筑区两类
	废弃房屋建筑区	人口整体迁移、无人居住、废弃的农村地区连片房屋建筑区
道路		有轨和无轨的道路路面覆盖的地表
构筑物		为某种使用目的而建造的、人们一般不直接在其内部进行生产和生活活动的工程实体或附属建筑设施(GB/T 50504—2009)。其中的道路单独列出
	工业设施	露天安置的大型工业设备设施。如采油、炼油、储油、炼钢、发电、输电等设施
	硬化地表	使用水泥、沥青、砖石、夯土等材料连片露天铺设的地表,或由于人类社会经济活动经常性碾压、踩踏形成的裸露地表
	工业设施	露天安置的大型工业设备设施。如采油、炼油、储油、炼钢、发电、输电等设施
	晒盐池	定义有区别。包括制取海盐的场地及周围相应附属设施用地
	堤坝	堤和坝的总称,也泛指防水拦水的建筑物和构筑物
	光伏发电站	指一种利用太阳光能、采用特殊材料诸如晶硅板、逆变器等电子元件组成的发电体系所覆盖的面积
	其他构筑物	除硬化地表、工业设施、晒盐池外的所有构筑物
人工堆掘地		被人类活动形成的弃置物长期覆盖或经人工开掘、正在进行大规模土木工程而出露的地表
	露天采掘场	露天开采对原始地表破坏后长期出露形成的地表,如露天采掘煤矿、铁矿、铜矿、稀土、石料、沙石以及取土等活动人工形成的裸露地表
	建筑工地	自然地表被破坏,正在进行土木建筑工程施工的场地区域
	其他人工堆掘地	包括堆放物和其他人工堆掘地

一级类	二级类	含义
裸露地表		植被覆盖度长期低于10%的各类自然裸露的地表。不包含人工堆掘、夯筑、碾(踩)压形成的裸露地表或硬化地表
	盐碱地表	表层裸露物以盐碱为主的地表
	泥土地表	表层裸露物以泥质或裸土为主的地表
	砾砂质地表	表层裸露物以块状砾石或以砂质为主的地表,包括沙漠、沙滩等
	岩石地表	表层裸露物以基岩为主的地表
水域		被液态和固态水覆盖的地表
	河渠湖泊	自然或半自然的带状或线状水体。从地理要素实体的角度,指天然形成的陆地表面宣泄水流的通道,是溪、川、江、河等的总称
	人工养殖池	筑堤进行封闭或半封闭式养殖生产的坑塘水面及相应附属设施
	开放养殖水面	无须筑堤围隔海域,主要采用筏式、网箱等设备开展养殖占用的水面
	海面	采集海陆分界线以外,到监测范围之间的海水或滩涂面
	其他水域	除以上四类水域外的其他水域类型

6.3 2018年海岸带地表覆盖

按照与海岸线的关系,将海岸带分为陆域、海岛、海域三部分。其中,陆域面积约为23.84万 km²,海岛面积约为0.39万 km²,海域面积约为5.98万 km²。

6.3.1 陆域地表覆盖

2018年全国海岸带陆域地表覆盖类型面积和占比统计信息如表6.2所示。统计汇总结果显示,2018年全国沿海省(区、市)县域陆地地表覆盖总面积23.84万 km²。其中,种植土地、林草覆盖是最主要的地表覆盖类型,分别占区域总面积的37.69%、36.59%,这两类地表的面积约占沿海省(区、市)县域陆域总面积的四分之三;房屋建筑、构筑物、道路、人工堆掘地,这四类人工地表的面积共占沿海省(区、市)县域陆域总面积的16.23%;水域和裸露地表分别占沿海省(区、市)县域陆域总面积的8.83%和0.65%。

表6.2 2018年全国沿海省(区、市)县域陆域地表覆盖面积和占比分类统计

类型	种植土地	林草覆盖	房屋建筑	道路	构筑物	人工堆掘地	裸露地表	水域	合计
面积/万 km²	8.98	8.72	1.76	0.60	1.05	0.46	0.16	2.11	23.84
占比/%	37.69	36.59	7.40	2.53	4.39	1.91	0.65	8.83	100

沿海各省(区、市)的海岸带陆域地表覆盖类型结构差异较大(图6.1)。总体来看,海南、广西、福建、辽宁、广东的自然地表(林草覆盖、种植土地)比例相对较高,人工地表(房屋建筑、构筑物、道路、人工堆掘地)的比例相对较低,这五个省(区)的自然地表面积比例分别为

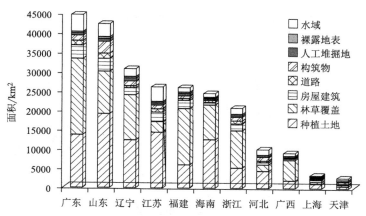

图 6.1　2018 年沿海各省(区、市)沿海陆域地表覆盖面积统计图

88.03％、83.55％、79.05％、78.57％、74.75％,均高于全国平均水平。而 2018 年天津、上海、河北、江苏、山东、浙江的海岸带陆域地表覆盖中,自然地表(林草覆盖、种植土地)的比例相对较低,人工地表(房屋建筑、构筑物、道路、人工堆掘地)的比例相对较高,这六个省(市)的自然地表面积占比分别为 36.15％、52.26％、61.74％、65.88％、70.99％、71.50％,均低于全国平均水平。

　　具体来看,种植土地方面,天津最少,占沿海省(区、市)县域陆地总面积的 20％以内;江苏、海南、山东、河北、辽宁较多,占各自沿海省(区、市)县域陆地总面积的 40％以上。林草覆盖方面,广西、福建、浙江、广东、海南、辽宁比例较高,占比为 38％～63％;上海、江苏比例较低,占比为 11％～16％。房屋建筑方面,上海占比较高,在 20％左右;广西、海南占比较低,占比在 3％左右;其余省份差异不大,为 5％～10％。道路、构筑物、人均堆掘地的比例均较低。裸露地表方面,天津的占比为 5.2％。水域方面,天津、江苏、河北较多,在 14％以上;福建、海南最少,在 6％以内。

6.3.2　海岛地表覆盖

　　2018 年全国海岛地表覆盖类型面积和占比统计信息如表 6.3 所示。结果显示,2018 年全国海岛地表覆盖总面积 0.39 万 km²。其中,林草覆盖、水域、种植土地是最主要的地表覆盖类型,各占区域总面积的 41.29％、16.19％、15.87％,这三类地表均为自然地表,三类自然地表的面积约占区域总面积的 73.35％。其次是房屋建筑、人工堆掘地、构筑物、道路,这四类地表属于人工地表,四类人工地表的面积共占区域总面积的 23.56％。裸露地表占比较小,占海岛总面积的 3.10％。

表 6.3　2018 年近海海岛地表覆盖面积和占比分类统计

类型	种植土地	林草覆盖	房屋建筑	道路	构筑物	人工堆掘地	裸露地表	水域	合计
面积/km²	624.14	1623.92	337.67	126.83	217.53	244.85	121.76	636.70	3933.40
占比/％	15.87	41.29	8.58	3.22	5.53	6.22	3.10	16.19	100

　　从各省来看,浙江、福建、广东的近岸海岛面积较大,分别为 1177.86、1087.48、1026.80 km²,三省近岸海岛地表覆盖中,林草覆盖面积最大,其次是房屋建筑、种植土地,说明这三个省的近

岸岛屿人为活动强度较大。其余省份的近岸岛屿面积都不大,且房屋建筑的比例很低,人为活动强度不大(图6.2)。

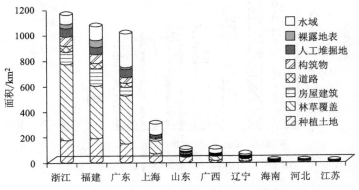

图 6.2　2018 年沿海省(区、市)近海海岛地表覆盖面积统计图

6.3.3　海域地表覆盖

2018 年全国近岸海域(不含海岛)地表覆盖类型面积和占比统计信息如表 6.4 所示。统计汇总结果显示,2018 年全国近岸海域地表覆盖总面积 5.98 万 km²。其中,水域是最主要的地表覆盖类型,占区域总面积的 97.44%。林草覆盖主要是红树林、芦苇等潮间带植被,面积合计为375.15 km²,占海域总面积的 0.63%。种植土地面积共计 863.17 km²,占海域总面积的 1.44%。

表 6.4　2018 年全国沿海省(区、市)县域海域地表覆盖面积和占比分类统计

类型	种植土地	林草覆盖	房屋建筑	道路	构筑物	人工堆掘地	裸露地表	水域	合计
面积/km²	863.17	375.15	133.17	41.07	77.11	27.12	10.48	58245.08	59772.35
占比/%	1.44	0.63	0.22	0.07	0.13	0.05	0.02	97.44	100

6.4　2015—2018 年海岸带陆域地表覆盖变化

2015—2018 年发生类型转化的地表覆盖面积共计 23561.77 km²,占海岸带地表覆盖总面积的 9.88%。也就是说,这三年期间,全国海岸带近 10% 的地表发生了类型转化。

全国沿海省(区、市)县域陆域地表覆盖流入流出统计如表 6.5 和图 6.3 所示。在这些地表覆盖类型中,流入和流出变化都较大的主要有其他土地、种植草地、林地、建筑工地、硬化地表、其他水域、河渠湖泊、房屋建筑区、人工养殖池这九类。

表 6.5　2015—2018 年全国沿海省(区、市)县域陆域地表覆盖面积变化分类统计表

单位:km²

类型	流入面积	流出面积	变化的面积	净变化面积
种植土地	4061.48	5084.37	9145.85	−1022.89
林地	2032.47	4005.23	6037.70	−1972.76
低覆盖草地	0.84	31.24	32.08	−30.40

类型	流入面积	流出面积	变化的面积	净变化面积
其他草地	5208.24	4158.79	9367.03	1049.45
独立房屋建筑	255.52	132.34	387.86	123.18
房屋建筑区	1349.56	869.97	2219.53	479.59
废弃房屋建筑区	1.78	3.59	5.37	−1.81
道路	826.99	208.11	1035.10	618.88
硬化地表	1682.67	1059.87	2742.54	622.80
工业设施	89.71	24.79	114.50	64.92
晒盐池	51.26	201.62	252.88	−150.36
堤坝	52.42	45.79	98.21	6.63
光伏发电站	46.19	0.57	46.76	45.62
其他构筑物	1046.33	422.78	1469.11	623.55
露天采掘场	153.45	157.87	311.32	−4.42
建筑工地	1961.28	1662.59	3623.87	298.69
其他人工堆掘地	833.58	858.72	1692.30	−25.14
盐碱地表	21.71	9.15	30.86	12.56
泥土地表	430.84	564.13	994.97	−133.29
砾砂质地表	82.22	205.44	287.66	−123.22
岩石地表	25.57	29.56	55.13	−3.99
河渠湖泊	782.25	1475.66	2257.91	−693.41
人工养殖池	1221.14	836.06	2057.20	385.08
开放养殖水面	2.04	4.82	6.86	−2.78
海面	0.91	288.18	289.09	−287.27
其他水域	1340.28	1219.29	2559.57	120.99
合计	23561.77	23561.77	47123.54	0.00

注：变化的面积＝流入面积＋流出面积；净变化面积＝流入面积－流出面积。

各类地表覆盖的面积净变化统计如图 6.4 所示。净面积下降的地表覆盖类型主要是自然地表类型，包括林地、种植土地、河渠湖泊，减少面积共计 3689.06 km²。其中，下降最多的是林地、种植土地，分别约占减少面积的 44.31%、22.98%；其次是河渠湖泊和海面，这两种类型分别约占减少面积的 15.58% 和 6.45%。

净面积增加的地表覆盖类型中，其他草地面积增长最多（增长 1049.45 km²），约占增加总面积的 23.57%，其他净增加的类型主要为人工地表，增加较多的包括其他构筑物、硬化地表、道路，这三类地表覆盖分别占增加总面积的 14.01%、13.99%、13.90%。其次增加较多的是房屋建筑区、人工养殖池、建筑工地，分别占增加总面积的 10.77%、8.65%、6.71%。

海岸带地表覆盖总体上呈现出"自然地表面积减少、人工地表面积扩大"的变化趋势，具体表现为其他构筑物、硬化地表、道路、房屋建筑区、人工养殖池、建筑工地的面积增加，经济建设的驱动力不容小觑。

从全国沿海省（区、市）县域陆域地表覆盖类型来看（图 6.5），面积增加较多的主要是其他

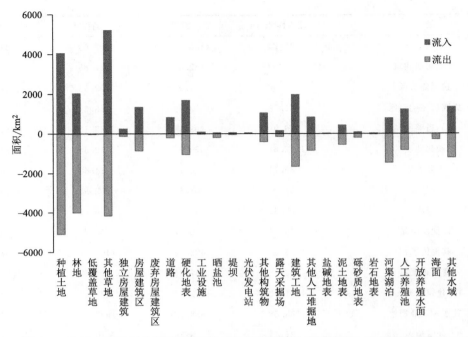

图 6.3　2015—2018 年全国沿海省(区、市)县域陆域地表覆盖流入流出分类统计图

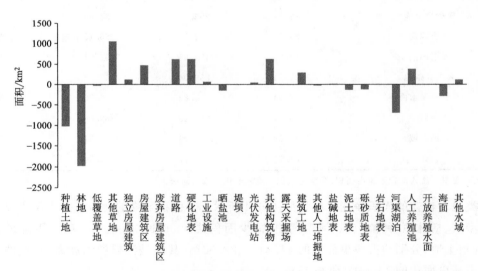

图 6.4　2015—2018 年全国沿海省(区、市)县域陆域地表覆盖面积净变化分类统计图

草地、其他构筑物、硬化地表、道路。其中,其他草地面积增加较多的主要有山东、广东、江苏、海南、福建;其他构筑物面积增加较多的主要有浙江、江苏、山东;硬化地表面积增加较多的主要有山东、福建、广东;道路面积增加较多的主要有江苏、山东、浙江。

　　面积下降的主要有林地、种植土地、河渠湖泊等类型。其中,林地面积下降明显的主要有广东、海南、福建、山东;种植土地面积下降明显的主要有山东、浙江、福建、广西;河渠湖泊面积下降最明显的是江苏,为 690.38 km²;其他省份的变化均在 40 km² 以内。

　　从各省份来看,辽宁陆域人工地表类型的面积主要呈增长趋势,而各自然地表类型的面积主要呈下降趋势。其中,增加面积的 79.49% 主要为其他构筑物、硬化地表、人工养殖池、房屋建筑区、道路,减少面积最多的是林地、其他草地、泥土地表、海面,占减少总面积的 95.52%,在一定程度上说明辽宁海岸带开发利用规模较大。河北陆域的建筑工地、人工养殖池、房屋建筑区面积增加显著,占增加面积的 65.70% 以上,同时其他水域、其他草地、种植土地下降明显,占减少面积的 86.77% 以上,在一定程度上说明河北海岸带开发利用明显。天津市陆域的建筑工地、硬化地表、种植土地、道路增加较多,占增加总面积的 75.28%,其他草地、其他人工堆掘地、其他水域减少较多,占减少总面积的 86.95%。山东陆域的其他草地、硬化地表、道路、人工养殖池、其他构筑物增加较多,占增加总面积的 84.63%,盐田、其他水域、林地、种植土地减少较多,占减少总面积的 85.25%。江苏陆域的其他水域、人工养殖池、其他构筑物、道路增加显著,占增加总面积的 73.86%,减少主要为种植土地、林地、河渠湖泊,占减少总面积的 87.47%。上海海岸带建筑工地增加最多,房屋建筑区减少最多,但其变化都没有超过 35 km²,说明当前上海海岸带的开发建设活动不多。浙江陆域的种植土地、砾砂质地表和海面的面积减少明显,其他构筑物、道路和房屋建筑区的面积增加明显,海岸带开发建设逐渐成熟化。福建陆域减少最明显的是林地、种植土地的面积,主要转化为草地、硬化地表、道路、其他构筑物等。广东陆域的其他草地、房屋建筑区、硬化地表等增加较多,林地的面积减少最多,竟达到减少面积的 89.94%。广西海岸带的地类面积变化相对不大,其中主要为其他草地、房屋建筑区、其他人工堆掘地的增长以及种植土地和林地的减少。海南陆域地表覆盖面积中其他草地增加最多,占增加面积的 53.94%,林地面积减少最多,达减少面积的 86.07%。

从以上的分析可以看出,辽宁、河北、天津陆域属于"自然向人工少量转化"的小规模发展类型;江苏陆域属于"种植土地、林地、河渠湖泊向其他水域、人工养殖池转化的"水域开发类型;上海陆域属于"各地类变化均不大"的稳定性发展类型;浙江陆域属于"种植土地向其他构筑物、道路转化"的快速发展类型;福建、山东陆域属于"林地和种植土地转化为其他草地和硬化地表"的发展类型;广东、广西、海南陆域属于"林地转化为其他草地和房屋建筑区"的综合发展类型。

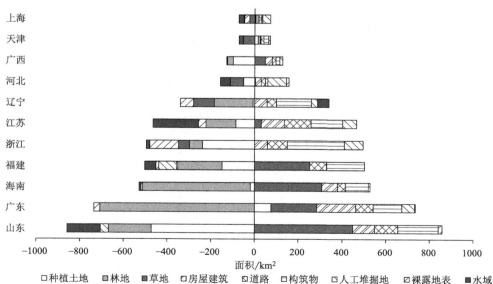

图 6.5　2015—2018 年全国沿海省(区、市)县域陆域地表覆盖面积净变化分类统计图

6.5 主要地表覆盖类型变化分析

6.5.1 种植土地现状与变化分析

种植土地是全国沿海省(区、市)县域陆域地表覆盖占比最多的类型。图 6.6 是 2015 和 2018 年沿海省(区、市)县域陆域范围内种植土地面积统计图。结果显示,2018 年全国沿海省(区、市)县域陆域范围内种植土地面积共计 89844.26 km²,占比为 37.69%。其中,种植土地面积超过 10000 km² 的有五个省份,分别是山东、江苏、广东、海南、辽宁,分别为 19057.58、14162.44、13481.23、12356.28、12310.43 km²。从种植土地面积占比来看,江苏、海南、山东、河北、辽宁的占比较高,高于全国平均水平;上海的比例居中;天津的种植土地面积占比最小,为 13.05%。

2015—2018 年,全国陆域范围内种植土地总面积减小了 1022.91 km²,大部分省份面积呈减小趋势。山东、浙江、福建减小最多,分别为 471.21、237.68、147.63 km²。只有广东、天津、上海三个省份的种植土地面积增加,其中广东种植土地面积增加最多,为 75.32 km²(表 6.6)。

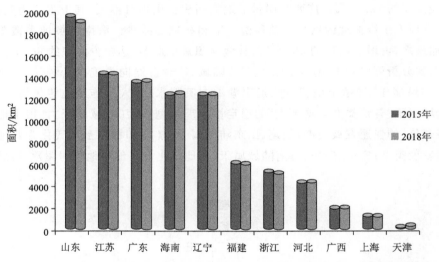

图 6.6 2015 年和 2018 年全国沿海省(区、市)县域陆域范围种植土地面积统计图

表 6.6 2015—2018 年全国沿海省(区、市)县域陆地范围种植土地面积统计表 单位:km²

省(区、市)	2015 年	2018 年	变化	未变化	新增	减小
辽宁	12317.67	12310.43	−7.24	11858.82	451.61	458.85
河北	4280.31	4229.64	−50.67	4086.20	143.44	194.11
天津	292.78	307.97	15.19	271.39	36.58	21.39
山东	19528.79	19057.58	−471.21	18075.41	982.17	1453.38
江苏	14248.04	14162.44	−85.60	13256.36	906.08	991.68
上海	1124.58	1128.28	3.70	1030.32	97.96	94.26
浙江	5275.77	5038.09	−237.68	4782.76	255.33	493.01

续表

省(区、市)	2015 年	2018 年	变化	未变化	新增	减小
福建	6035.96	5888.33	−147.63	5622.03	266.30	413.93
广东	13405.91	13481.23	75.32	13017.35	463.88	388.56
广西	1982.15	1883.99	−98.16	1832.98	51.01	149.17
海南	12375.21	12356.28	−18.93	11949.15	407.13	426.06
总计	90867.17	89844.26	−1022.91	85782.77	4061.49	5084.40

为了厘清 2015—2018 年种植土地的流向情况,分析了这一期间的种植土地与其他地类的空间转移关系。其他地类转为种植土地的面积一共是 4061.48 km²,而由种植土地转为其他地类的面积是 5084.37 km²。图 6.7 为 2015—2018 年全国海岸带种植土地的流量流向统计图。从图中可以看出,种植土地的主要流入来源为林草覆盖、其他构筑物、河渠湖泊、房屋建筑区、人工养殖池,分别流入 2853.18、335.83、273.51、110.62、110.61 km²,五者占流入总面积的 90.70%;种植土地的主要流出为林草覆盖、其他构筑物、建筑工地、房屋建筑区、硬化地表,五者占流出总面积的 83.26%。

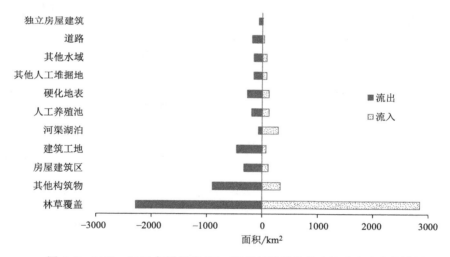

图 6.7　2015—2018 年沿海省(区、市)县域陆域种植土地流入流出统计图

6.5.2　林草覆盖现状与变化分析

林草覆盖是 2015—2018 年全国沿海省(区、市)县域陆域地表覆盖类型中面积增加最多的类型。图 6.8 和表 6.7 是 2015 和 2018 年沿海省(区、市)县域陆域范围内林草覆盖的面积统计情况。

统计结果显示,2018 年全国沿海省(区、市)县域陆域范围内林草覆盖面积共计 87226.66 km²,占监测总面积的 36.59%。其中,林草覆盖面积超过 10000 km² 的有广东、福建、辽宁、山东四个省份,面积分别为 19855.96、14606.86、11787.39、10913.01 km²。而从林草覆盖占区域面积比例来看,广西、福建、浙江、广东、辽宁、海南占比较高,高于全国平均水平;山东的比例居中;江苏、上海的林草覆盖面积占比很小,分别为 11.31%、15.19%。

2015—2018 年,全国陆域范围内林草覆盖总面积减小了 954.00 km²。除山东、福建、广西林草覆盖面积分别增加 251.42、49.79、22.42 km² 外,其余省份面积均减小,其中广东、辽宁减小最多,分别减小 496.56、272.50 km²。

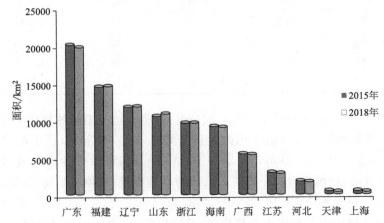

图 6.8　2015 年和 2018 年全国沿海省(区、市)县域陆域范围林草覆盖面积统计图

表 6.7　2015—2018 年全国沿海省(区、市)县域陆域范围林草覆盖面积统计表 单位:km²

省(区、市)	2015 年	2018 年	变化	未变化	新增	减小
辽宁	12059.89	11787.39	−272.50	11423.23	364.16	636.66
河北	1856.19	1799.55	−56.64	1644.99	154.56	211.20
天津	586.55	544.99	−41.56	447.60	97.39	138.95
山东	10661.59	10913.01	251.42	8990.42	1922.59	1671.17
江苏	3043.37	2936.58	−106.79	2286.47	650.11	756.90
上海	471.14	462.26	−8.88	379.38	82.88	91.76
浙江	9790.96	9680.57	−110.39	9389.11	291.46	401.85
福建	14557.07	14606.86	49.79	14099.80	507.06	457.27
广东	20352.52	19855.96	−496.56	19367.88	488.08	984.64
广西	5481.68	5504.10	22.42	5334.41	169.69	147.27
海南	9319.70	9135.39	−184.31	8723.23	412.16	596.47
总计	88180.66	87226.66	−954.00	82086.52	5140.14	6094.14

　　为了厘清 2015—2018 年林草覆盖的流向情况,分析了这一期间的林草覆盖与其他地类的空间转移关系。其他地类转为林草覆盖的面积一共是 5140.14 km²,而由林草覆盖转为其他地类的面积是 6094.14 km²。图 6.9 为 2015—2018 年全国海岸带林草覆盖的流量流向统计图。从图中可以看出,林草覆盖的主要流入来源为种植土地、建筑工地、硬化地表、其他人工堆掘地、其他水域,分别流入 2283.97、628.75、422.23、379.75、320.64 km²,这五者占流入总面积的 78.50%;林草覆盖的主要流出为种植土地、建筑工地、硬化地表、其他人工堆掘地、房屋建筑区,共占流出总面积的 78.74%。

6.5.3　房屋建筑现状与变化分析

　　房屋建筑是 2018 年全国沿海省(区、市)县域陆域地表覆盖类型中面积较多的一种类型。图 6.10 和表 6.8 是 2015 和 2018 年沿海省(区、市)县域陆域范围内房屋建筑的面积统计情况。

　　统计结果显示,2018 年全国沿海省(区、市)县域陆域范围内房屋建筑面积共计

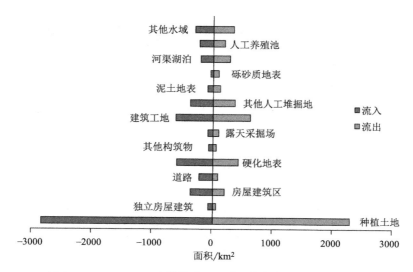

图 6.9　2015—2018 年沿海省（区、市）县域林草覆盖流入流出统计图

17641.47 km^2，占监测总面积的 7.40%。其中，房屋建筑面积超过 2000 km^2 的有广东、山东、江苏、福建、浙江五个省份，面积分别为 3423.47、3359.67、2514.95、2136.36、2023.97 km^2。而从房屋建筑占区域面积比例来看，上海、江苏、浙江、山东、广东占比较高，高于全国平均水平；福建的比例居中；海南的房屋建筑面积占比最小，为 3.09%。

2015—2018 年，全国陆域范围内房屋建筑总面积增加了 600.97 km^2。各省份除上海、福建面积分别减小 22.73、5.51 km^2 外，其余房屋建筑面积均有增加。其中广东、江苏、山东增加较多，分别为 176.67、104.90、101.33 km^2。

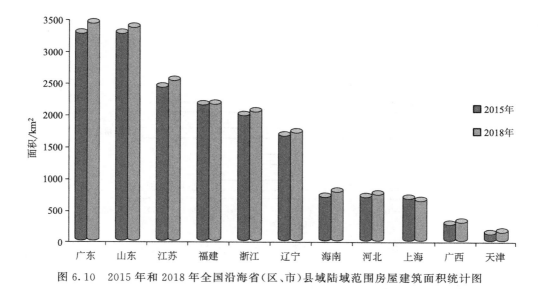

图 6.10　2015 年和 2018 年全国沿海省（区、市）县域陆域范围房屋建筑面积统计图

表 6.8　2015—2018 年全国沿海省（区、市）县域陆域范围房屋建筑面积统计表　单位：km^2

省（区、市）	2015 年	2018 年	变化	未变化	新增	减小
辽宁	1636.66	1693.49	56.83	1584.56	108.93	52.10
河北	693.84	720.03	26.19	672.76	47.27	21.08

省(区、市)	2015 年	2018 年	变化	未变化	新增	减小
天津	104.17	107.36	3.19	95.93	11.43	8.24
山东	3258.34	3359.67	101.33	3059.04	300.63	199.30
江苏	2410.05	2514.95	104.90	2286.42	228.53	123.63
上海	644.21	621.48	−22.73	568.52	52.96	75.69
浙江	1965.17	2023.97	58.80	1857.29	166.68	107.88
福建	2141.87	2136.36	−5.51	2004.53	131.83	137.34
广东	3246.80	3423.47	176.67	3127.15	296.32	119.65
广西	254.76	285.93	31.17	245.78	40.15	8.98
海南	684.63	754.76	70.13	653.77	100.99	30.86
总计	17040.50	17641.47	600.97	16155.75	1485.72	884.75

为了厘清 2015—2018 年房屋建筑的流向情况,分析了这一期间的房屋建筑与其他地类的空间转移关系。其他地类转为房屋建筑的面积一共是 1485.73 km²,而由房屋建筑转为其他地类的面积是 884.77 km²。图 6.11 为 2015—2018 年全国海岸带房屋建筑的流量流向统计图。从图中可以看出,房屋建筑的主要流入来源为林草覆盖、种植土地、建筑工地、硬化地表,分别流入 429.64、386.49、320.07、221.58 km²,这四者占流入总面积的 91.39%;房屋建筑的主要流出为建筑工地、硬化地表、林草覆盖、种植土地,共占流出总面积的 89.70%。

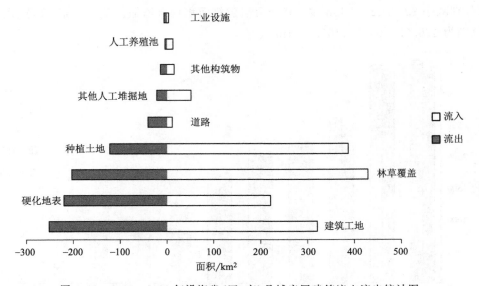

图 6.11　2015—2018 年沿海省(区、市)县域房屋建筑流入流出统计图

6.5.4　构筑物现状与变化分析

统计结果显示(图 6.12),2018 年全国沿海省(区、市)县域陆域范围内,构筑物面积共计 10470.97 km²,占监测总面积的 4.39%。其中,构筑物面积排名前四位的分别是山东、辽宁、广东、江苏,分别为 3087.92、1323.74、1229.79、1037.15 km²。而从构筑物面积占比来看,天

津、河北、山东、上海的占比较高;辽宁、浙江的比例居中;海南的占比最低,为 1.63%。

2015—2018 年,全国沿海省(区、市)县域陆域范围内构筑物的面积均增加,没有构筑物面积减小的省份,浙江、山东、福建、辽宁、江苏、广东、海南这 7 个省份的构筑物面积增加 100 km² 以上,其中浙江增加最多,为 259.73 km²,上海构筑物面积增加最小,为 5.04 km²(表 6.9)。

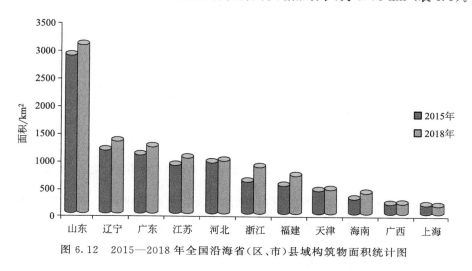

图 6.12　2015—2018 年全国沿海省(区、市)县域构筑物面积统计图

表 6.9　2015—2018 年全国沿海省(区、市)县域陆地范围内构筑物面积统计表 单位:km²

省(区、市)	2015 年	2018 年	变化	未变化	新增	消失
辽宁	1162.44	1323.74	161.30	1045.10	278.64	117.34
河北	957.25	968.57	11.32	836.30	132.27	120.95
天津	435.28	456.52	21.24	380.59	75.93	54.69
山东	2903.07	3087.92	184.85	2374.52	713.40	528.55
江苏	894.39	1037.15	142.76	556.57	480.58	337.82
上海	176.15	181.19	5.04	146.44	34.75	29.71
浙江	614.14	873.87	259.73	496.88	376.99	117.26
福建	532.93	705.70	172.77	409.13	296.57	123.80
广东	1098.75	1229.79	131.04	931.22	298.57	167.53
广西	191.51	208.94	17.43	164.29	44.65	27.22
海南	292.03	397.58	105.55	239.72	157.86	52.31
总计	9257.94	10470.97	1213.03	7580.76	2890.21	1677.18

为了厘清 2015—2018 年构筑物的流向情况,分析了这一期间的构筑物与其他地类的空间转移关系。其他地类转为构筑物的面积一共是 2890.21 km²,而由构筑物转为其他地类的面积是 1677.18 km²。图 6.13 为 2015—2018 年全国海岸带构筑物的流量流向统计图。从图中可以看出,构筑物的最大流入来源为种植土地,其占构筑物流入面积比例高达 41.18%;构筑物的流出主要是林草覆盖和种植土地,其在构筑物流出面积中比例分别为 28.59% 和 25.85%。

6.5.5　海岸带房屋建筑密度与海岸线距离远近关系

房屋建筑包括独立房屋建筑和房屋建筑区两类。独立房屋建筑包括多层及以上独立房屋

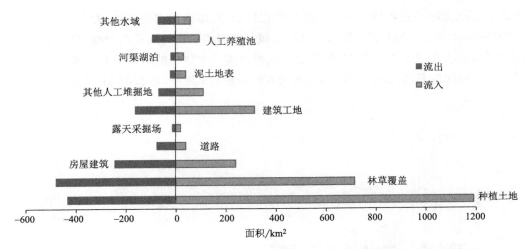

图 6.13　2015—2018 年全国沿海省(区、市)县域陆地范围内构筑物流入流出统计图

建筑、低矮独立房屋建筑两类;房屋建筑区包括多层及以上房屋建筑区、低矮房屋建筑区两类。为分析房屋建筑随海岸线距离的变化规律,我们将离海岸线距离分为 0~0.5 km、0.5~1 km、1~2 km、2~5 km、5~10 km、>10 km 六个分组圈层。由于各圈层面积差异较大,采用房屋建筑密度来分析与海岸线距离远近变化规律更恰当。

2018 年全国海岸带房屋建筑面积总计 17641.47km²,占沿海省(区、市)县域陆域地表总面积的 7.40%,各圈层房屋建筑的比例如表 6.10 和图 6.14 所示。总体来看,房屋建筑比例随海岸线距离的增加,呈现"先增后降"的趋势,峰值出现在 2~5 km 的圈层。海岸线距离超过 5 km,房屋建筑比例开始下降。

表 6.10　2018 年房屋建筑区面积占比随海岸线距离的变化统计　　　　单位:%

省(区、市)	0~0.5 km	0.5~1 km	1~2 km	2~5 km	5~10 km	>10 km
福建	11.03	13.23	13.01	12.63	10.91	4.84
广东	6.16	7.36	7.43	7.74	8.00	7.68
广西	4.80	6.14	6.19	4.75	3.71	1.56
河北	3.53	5.19	7.37	7.86	7.41	7.56
海南	7.76	7.51	6.79	5.44	3.71	1.89
江苏	3.24	5.15	6.71	7.77	8.70	10.52
辽宁	5.57	7.24	8.78	9.48	7.43	4.12
山东	9.81	11.31	10.66	10.19	8.98	7.17
上海	5.04	10.61	14.11	20.35	22.63	22.01
天津	1.80	2.47	4.01	4.57	6.56	4.32
浙江	6.52	7.79	8.78	9.92	11.48	9.71

从各省来看,房屋建筑比例随海岸线距离的变化呈现出不同的变化规律,大体分为以下几类。

(1)旅游度假型海岸带

旅游度假型海岸带,如海南(图 6.15),沿海房屋建筑主要用于旅游度假等用途,离海岸线的距离决定了区位优势,房屋建筑呈现出随着海岸线距离不断增长,房屋建筑比例不断下降的趋势。

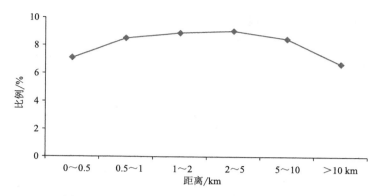

图 6.14　房屋建筑比例随海岸线距离变化统计图

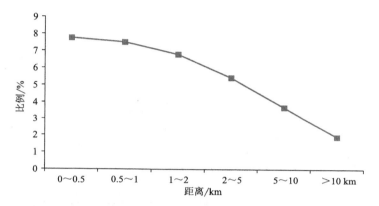

图 6.15　房屋建筑比例随海岸线距离的变化(旅游度假型海岸带)

(2)综合利用型海岸带

综合利用型海岸带,兼具生产、生活、旅游度假等综合功能的海岸带,如福建、广西、辽宁、山东、天津、浙江等(图 6.16),旅游度假特征不突出,所以离海岸线的距离的优势并不十分突出,不会出现明显的房屋建筑密集分布在离海岸线近的区域的情况,房屋建筑面积占比呈现出"先增后降"的特征,峰值的位置与海岸带的主体性质有关,旅游功能较强的区域,如福建、山东、广西,峰值出现的位置离海岸线的距离更近;反之,如果旅游度假的功能较弱,如天津、浙

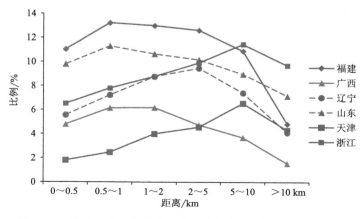

图 6.16　房屋建筑比例随海岸线距离变化(综合利用型海岸带)

江、辽宁,其峰值出现的位置离海岸线的距离较远。

(3)生产生活功能型海岸带

生产生活功能较强的海岸带,如广东、河北、上海(图 6.17),房屋建筑比例随海岸线的距离呈现出稳定或持续增长的趋势。

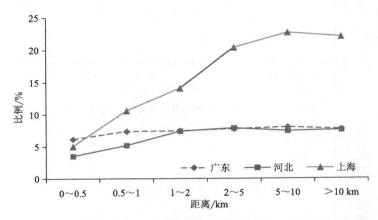

图 6.17　房屋建筑比例随海岸线距离的变化(生产生活功能型海岸带)

6.6　本章小结

以高分辨率遥感影像为基础,开展高精度的遥感地表覆盖分类,并从海、陆、岛三个不同空间地表单元,分别对各自的地表覆盖变化展开分析,同时针对种植土地、林草覆盖、房屋建筑、构筑物等重要地表覆盖类型,进行详细的地类间的流入流出分析。最后探讨了房屋建筑与海岸线远近的分布关系,形成的主要结论如下。

(1)2015—2018 年,约有 10% 的地表覆盖发生类型转化。海岸带地表覆盖总体上呈现出"自然地表面积减少、人工地表面积扩大"的变化趋势。面积减小的地表覆盖类型主要是自然地表,面积增加的类型主要为人工地表。

(2) 2018 年,全国沿海省(区、市)县域房屋建筑区占沿海省(区、市)县域陆域地表总面积的 7.4%,该比例随海岸线距离的增加呈现"先增后降"的趋势。

(3)海南省沿海房屋建筑的度假属性特征明显,福建、广西、辽宁、山东、天津、浙江的沿海房屋建筑兼具生产、生活、旅游度假等综合功能,广东、河北、上海的沿海房屋建筑的生产生活功能属性更强。

第7章　海岸带典型要素变化分析

近年来,海洋经济已成为我国国民经济的一个新增长点。海岸带作为海陆交互作用的耦合地带,是陆域经济辐射海洋经济的前沿阵地,海岸带滩涂资源的开发利用方式多样,海岸带特殊的生态地理环境上产生的特色利用方式包括养殖经济和清洁能源经济等,但滩涂资源的过度开发,对生态环境造成了很大的破坏,表现为红树林的被侵占和破坏、近海海水环境污染等。为了严格落实党中央、国务院生态优先、绿色发展的理念,中共中央国务院《关于加快推进生态文明建设的意见》和《国务院关于加强滨海湿地保护严格管控围填海的通知》等文件对滩涂围垦和湿地保护提出了具体的措施和要求。滩涂利用和湿地保护需要准确掌握海岸带典型资源利用的底数。本章节面向海岸带典型资源和利用方式(人工养殖池、光伏发电站、风力发电站、红树林),利用 2015 年和 2019 年 GF-2、GF-1、ZY-3 国产高分辨率遥感影像提取相关要素数据,开展典型要素的现状和变化分析,以期为海岸带经济发展布局和资源保护提供指导。

7.1　养殖池

7.1.1　养殖池现状

养殖是沿海居民的重要产业之一,是沿海经济发展的重要支柱。养殖池大多沿海岸带和入海河口带状分布。2019 年全国沿海省(区、市)县域范围内养殖池面积共计 10088.72 km²。其中,68.47% 集中分布在广东、山东、江苏、辽宁四省,面积分别为 2645.27、1563.74、1538.43、1159.87 km²(图 7.1)。

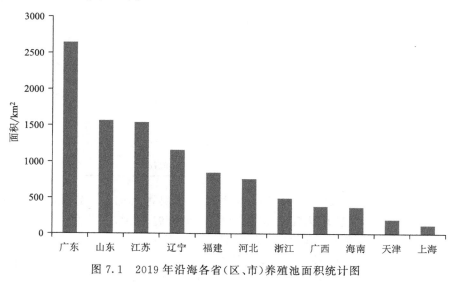

图 7.1　2019 年沿海各省(区、市)养殖池面积统计图

7.1.2 2015—2019 年人工养殖池变化

2015—2019 年,全国海岸带范围内人工养殖池总面积减小了 88.42 km²,比 2015 年减少了 0.87%。其中,辽宁、河北、广东、天津增加明显,面积分别增加 74.90、22.56、21.44、16.21 km²;上海、江苏、山东减小明显,面积分别下降 254.26、87.75、69.58 km²,其他省份变化不大(图 7.2 和表 7.1)。

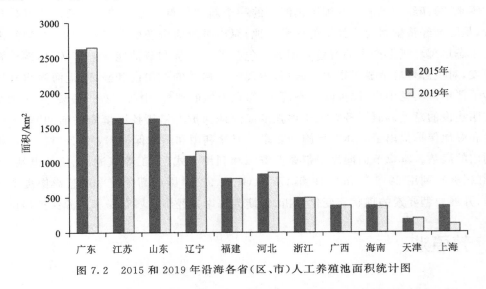

图 7.2 2015 和 2019 年沿海各省(区、市)人工养殖池面积统计图

表 7.1 2015—2019 年沿海各省(区、市)人工养殖池面积统计表   单位:km²

省(区、市)	2015 年	2019 年	变化	未变化	新增	消失
辽宁	1084.97	1159.87	74.90	1066.43	93.44	18.54
河北	826.85	849.41	22.56	707.41	142.00	119.44
天津	182.26	198.47	16.21	173.25	25.22	9.01
山东	1626.18	1538.43	−87.75	1475.01	63.42	151.17
江苏	1633.32	1563.74	−69.58	1299.82	263.92	333.50
上海	375.14	120.88	−254.26	108.92	11.96	266.22
浙江	490.15	493.86	3.71	377.25	116.61	112.90
福建	766.91	763.93	−2.98	737.58	26.35	29.33
广东	2623.83	2645.27	21.44	2513.70	131.57	110.13
广西	379.90	382.68	2.78	366.02	16.66	13.88
海南	380.51	372.18	−8.33	353.42	18.76	27.09
总计	10370.02	10088.72	−281.30	9178.81	909.91	1191.21

2015—2019 年,空间上未发生变化的人工养殖池面积共计 9178.81 km²,占 2015 年人工养殖池总面积的 88.51%,新增人工养殖池面积为 909.91 km²,消失的人工养殖池面积为 1191.21 km²。从人工养殖池与其他地类的空间转移关系来看(图 7.3),流入人工养殖池的地类主要有河渠湖泊、其他草地、种植土地,分别流入 234.20、157.27、119.21 km²,占流入总面积的比例共计 56.12%;消失的人工养殖池主要流向其他水域、种植土地、河渠湖泊、其他草

地、建筑工地,分别占流出总面积的 18.23%、17.83%、14.97%、12.67%、9.81%。

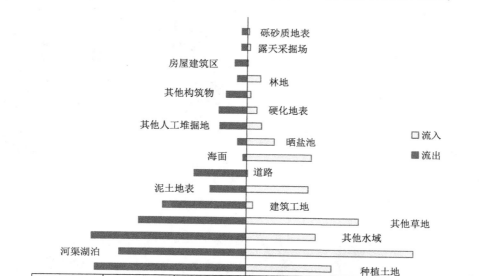

图 7.3　2015—2019 年人工养殖池流入流出统计图

养殖区相互转变的主要原因在于随着填海造地的增加,以前的养殖区逐渐不能与海洋进行互通,养殖成本增加,养殖池产生的经济价值也日益下降,沿海开发建设过程中,大量经济产值低下的养殖区被填。同时,在更靠近沿海或者入海河道的区域开挖一些新的养殖池,开挖的养殖池和填埋的养殖池实现了空间和数量上的动态变化。图 7.4、图 7.5 和图 7.6 分别是草地变人工养殖池、建筑工地变人工养殖池和裸露地表变人工养殖池的变化示例。

图 7.4　草地变人工养殖池示意图

由于受到空间拓展的限制,部分养殖池已无地可挖,便破坏红树林、防风林、滩涂等重要生态资源,造成资源环境的破坏(图 7.7、图 7.8)。

海水养殖业是沿海城市经济的重要组成部分,但也是近岸海水水质的重要污染源。同时,近海养殖业也与滨海旅游业等新兴产业产生冲突和矛盾。三亚市海棠区铁炉港附近的海湾有五处人工养殖池退出海域,如图 7.9 所示。

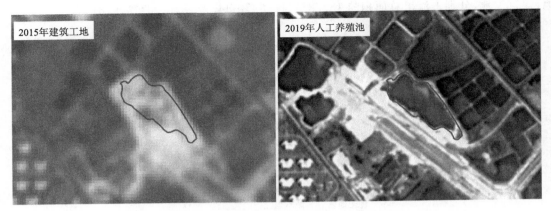

图 7.5　建筑工地变人工养殖池示意图

图 7.6　沙质地表变人工养殖池示意图

图 7.7　其他林地变人工养殖池示意图

　　海水养殖是可持续利用海洋资源的重要方式,不仅满足了人民群众对优质海产品的需求,而且对沿海地区经济社会发展和群众生计具有重要意义。但部分地区海水养殖的不规范发展对局部海域生态环境造成不良影响。近年来,海岸带和近岸海域的合理、有序开发以及生态保护愈发受到中央和地方政府重视。2019 年,农业农村部、生态环境部等 10 个部门联合印

图 7.8　海域变人工养殖池示意图

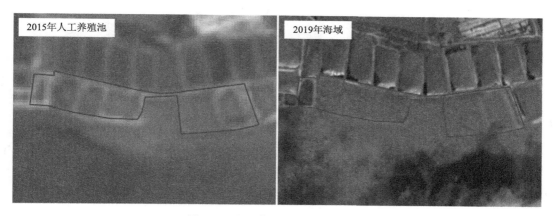

图 7.9　人工养殖池变海域示意图

发《关于加快推进水产养殖业绿色发展的若干意见》,强调要发挥水产养殖的生态属性,开展以渔净水、以渔控草、以渔抑藻,修复水域生态环境。2022 年,生态环境部联合农业农村部发布《关于加强海水养殖生态环境监管的意见》,要求以海洋生态环境质量改善为核心,坚持"分区分类、因地制宜、逐步推进"的原则,助力美丽海湾保护与建设,促进海水养殖业高质量发展。

从 2015—2019 年的变化结果来看,部分地区仍存在以损坏生态环境为代价的滥挖养殖池现象,还有个别地方的人工养殖池被清理或填回,用于建设公共旅游设施、城市基础设施以及恢复海域等。总的来看,沿海岸带上的人工养殖池的总规模变化不大,但也有个别省份的养殖池增长规模较为明显,需引起注意。

7.2　风力发电站

7.2.1　风力发电站现状

2019 年全国沿海省(区、市)县域监测范围内风力发电站的数量共计 10870 座。72％的风力发电站集中在江苏、山东、广东、福建,数量分别为3046、2051、1472、1271座(图7.10)。

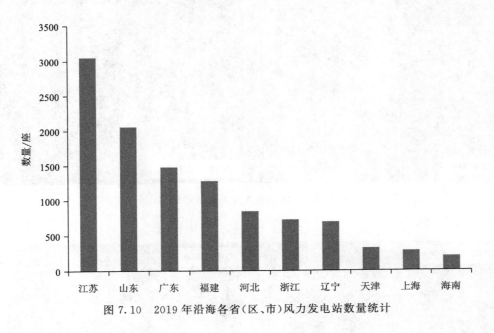

图 7.10 2019 年沿海各省(区、市)风力发电站数量统计

7.2.2 2015—2019 年风力发电站数量变化

2015—2019 年,全国海岸带范围内风力发电站数量增加了 3548 座,比 2015 年增长了 48.46%。江苏、广东、河北、福建增加明显,数量分别增加 1326、489、672、379 座;其他省份变化不大(图7.11)。

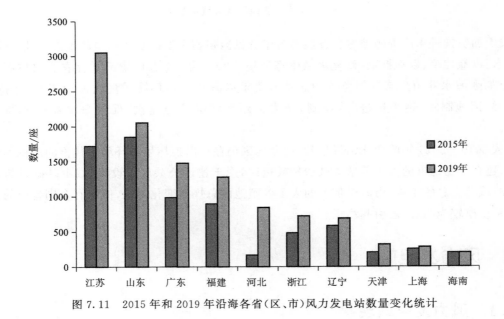

图 7.11 2015 年和 2019 年沿海各省(区、市)风力发电站数量变化统计

7.3 光伏发电站

7.3.1 光伏发电站现状

2019 年全国海岸带范围内光伏发电站面积共计 122.29 km²,约 80% 集中在江苏、浙江、广东、山东、天津,面积分别为 29.05、25.20、16.13、14.56、12.37 km²。其中绝大多数光伏发电站分布在陆域,仅广东有一部分光伏发电站分布在沿海海域,采用养殖池上面光伏发电的"渔光互补"的综合发展模式(图 7.12)。

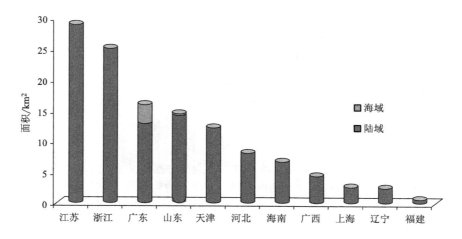

图 7.12 2019 年沿海各省(区、市)光伏发电站面积统计图

7.3.2 2015—2019 年光伏发电站面积变化

2015—2019 年,全国海岸带范围内光伏发电站总面积增加了 80.89 km²,比 2015 年增长了近两倍,各沿海省(区、市)的光伏发电站面积变化呈现不同程度的增长趋势。除江苏和福建外,其余省份的光伏发电站面积增幅明显,广东、浙江、山东、天津、河北、海南、广西、上海、辽宁的光伏发电站面积分别增加 16.13、15.40、14.56、12.37、7.05、6.49、2.68、2.62、2.46 km²(表 7.2 和图 7.13)。

表 7.2 2015—2019 年沿海各省(区、市)光伏发电站面积统计 单位:km²

省(区、市)	2015 年	2019 年	变化	未变化	新增	消失
辽宁	0.00	2.46	2.46	0.00	2.46	0.00
河北	1.06	8.11	7.05	1.58	6.53	−0.52
天津	0.00	12.37	12.37	0.20	12.17	−0.20
山东	0.00	14.56	14.56	28.55	−13.99	−28.55
江苏	28.61	29.05	0.44	9.70	19.35	18.91
上海	0.00	2.62	2.62	0.00	2.62	0.00
浙江	9.80	25.20	15.40	0.00	25.20	9.80
福建	0.00	0.69	0.69	0.00	0.69	0.00

省(区、市)	2015 年	2019 年	变化	未变化	新增	消失
广东	0.00	16.13	16.13	0.00	16.13	0.00
广西	1.73	4.41	2.68	0.00	4.41	1.73
海南	0.21	6.70	6.49	1.04	5.66	−0.83
总计	41.41	122.30	80.89	41.07	81.23	0.34

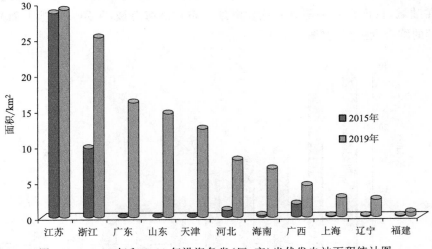

图 7.13　2015 年和 2019 年沿海各省(区、市)光伏发电站面积统计图

2015—2019 年,空间上未发生变化的光伏发电站面积为 41.07 km², 占 2015 年光伏发电站总面积的 99.18%, 新增的面积为 81.23 km², 消失的面积为 0.34 km²。其中, 新增光伏电站的主要来源为河渠湖泊、其他草地、种植土地、人工养殖池, 分别流入 13.51、10.41、18.18、9.19 km², 四者占流入总面积的 63.13%; 流出的光伏发电站主要流向硬化地表、其他草地、人工养殖池, 分别占流出总面积的 46.27%、25.84%、7.38%(图 7.14)。

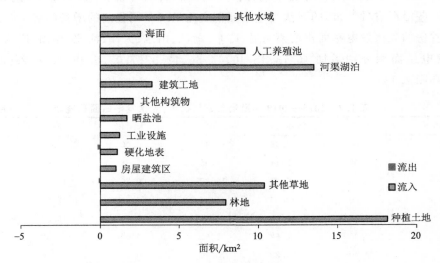

图 7.14　2015—2019 年光伏发电站流入流出统计图

7.4　海南岛红树林

海南省政府办公厅印发了《海南省加强红树林保护修复实施方案》,用于指导红树林保护修复,暂定到 2025 年,海南省新增红树林面积 2000 hm²,因此,开展红树林的监测工作十分有意义。

7.4.1　2019 年海南岛红树林现状

2019 年海南岛红树林总面积为 50.48 km²,主要集中分布在海口市、文昌市、儋州市等市(县),面积分别为 17.67、11.67、9.47 km²,面积占比分别为 35.00%、23.12%、18.76%(表 7.3和图 7.15)。

表 7.3　2019 年海南岛沿海区域红树林面积统计 　　　　　　　　　　单位:km²

市(县)	海口	三亚	儋州	文昌	万宁	东方	澄迈	临高	乐东	陵水
面积	17.67	1.14	9.47	11.67	0.15	1.78	3.6	2.89	0.13	1.98

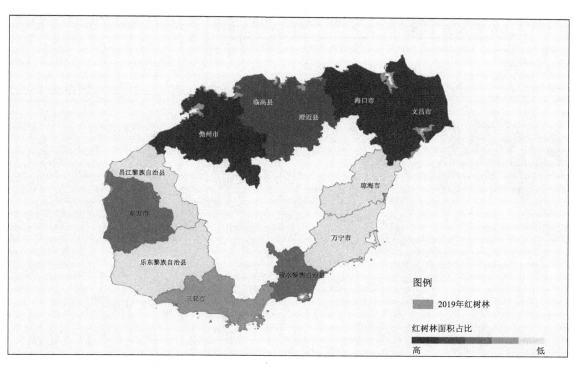

图 7.15　2019 年海南岛沿海区域红树林空间分布图

2019 年自然保护区内的红树林总面积为 29.32 km²,受保护的红树林比例为 58.08%。其中,海南东寨港国家级自然保护区和海南清澜港省级自然保护区范围内的红树林规模相对较大,面积分别为 16.83 和 10.44 km²;铁炉港红树林自然保护区内红树林面积最小,仅为0.03 km²(表 7.4)。

表 7.4 2019 年自然保护区内的红树林面积统计 单位：km²

自然保护区名称	面积
海南东寨港国家级自然保护区	16.83
海南清澜港省级自然保护区	10.44
海南三亚红树林自然保护区	0.45
海南新英红树林自然保护区	1.03
铁炉港红树林自然保护区	0.03
亚龙湾青梅港自然保护区	0.54
总计	29.32

7.4.2　2015—2019 年海南岛红树林变化及原因分析

2015 和 2019 年海南岛红树林总面积分别为 46.35 和 50.48 km²，红树林面积增加 4.13 km²。2015—2019 年，海南岛各市（县）红树林面积均呈增加趋势，增加较明显的有陵水、澄迈、东方、海口，面积分别增加 1.53、1.08、0.81 和 0.48 km²，其他市（县）红树林面积变化不大（表 7.5 和图 7.16）。

表 7.5 2015—2019 年海南岛各市（县）红树林面积变化统计 单位：km²

年份	海口	三亚	儋州	文昌	万宁	东方	澄迈	临高	乐东	陵水	总计
2015	17.19	1.09	9.44	11.55	0.14	0.97	2.52	2.86	0.07	0.45	46.35
2019	17.67	1.14	9.47	11.67	0.15	1.78	3.6	2.89	0.13	1.98	50.48
变化	0.48	0.05	0.03	0.12	0.01	0.81	1.08	0.03	0.06	1.53	4.13

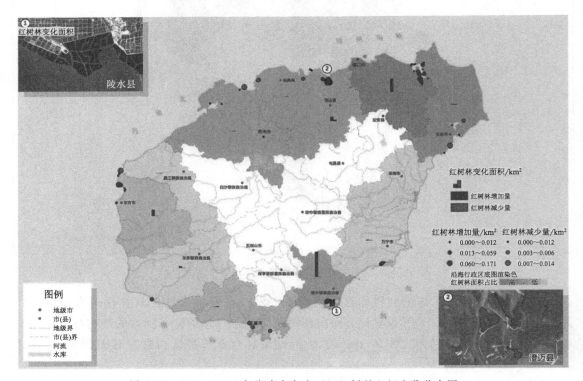

图 7.16　2015—2019 年海南岛各市（县）红树林空间变化分布图

2015—2019 年,海南岛自然保护区范围内红树林面积增加了 66830 m²,减少了 440 m²,保护区内增加的红树林主要位于海南清澜港省级自然保护区范围内。海南三亚红树林自然保护区、海南东寨港国家级自然保护区红树林分别减小了 310 m²、100 m²,其余自然保护区范围内红树林面积无变化(表 7.6)。

表 7.6　自然保护区红树林面积变化统计　　　　　　　　单位:m²

自然保护区名称	增加量	减小量	变化量
海南东寨港国家级自然保护区	0	100	−100
海南清澜港省级自然保护区	66800	0	66800
海南三亚红树林自然保护区	30	340	−310
海南新英红树林自然保护区	0	0	0
亚龙湾青梅港自然保护区	0	0	0
铁炉港红树林自然保护区	0	0	0
总计	66830	440	66390

结合遥感影像发现,自然保护区范围内的红树林面积增加的主要原因是"退塘还林"后的人工补种红树林,而减小的原因主要是建设用地占用(图 7.17)。

图 7.17　儋州市白马井镇禾能村红树林面积减小对比图

第8章　结论与展望

8.1　结论

海岸带是海洋系统与陆地系统交互作用的复合地带,生产力内外双向辐射,是海洋开发和经济发展的基地和前沿阵地,也是滨海湿地(含沿海滩涂、河口、浅海、红树林、珊瑚礁等)等生态资源丰富且敏感的地带。随着人口的大量增加和城市化进程的不断加快,以及长期以来的大规模围填海活动,海岸带正面临着区域生态环境破坏、生物多样性减少、污染加重、渔业资源退化、滨海湿地大面积减小、自然岸线锐减等巨大压力,严重影响了海岸带可持续发展。

针对我国海岸空间大范围、高强度开发利用的监管技术需求,利用遥感技术手段,开展海岸线变迁、海岸带开发利用监测成为可持续发展的重要技术条件。我们从海岸线(轴)和海岸带区域(面)、典型要素(点线面混合)三种监测评价对象出发,围绕信息提取和分析评价两个层面展开布局,形成了海岸线遥感自动提取、位置变化匹配、海岸带地表覆盖分类体系和分类技术方法、典型要素智能提取等方面的技术积累,对我国2000—2015年的大陆岸线变化、近年来海岸带地表覆盖和典型要素的发展变化过程进行了空间结构解析,形成了如下主要结论。

(1)海岸线遥感自动提取可以解决大范围海岸线快速提取的问题。现有阈值法和边缘检测法都存在主观设置阈值的问题,海陆二分法存在边缘混分的问题。本研究提出将边缘检测结果纳入分割条件,显著改善了海陆交界的养殖区周围泥沙的混分问题,提升了海岸线提取精度。实践证明,提取海岸线的精度较高,与参考海岸线的空间距离控制在两个像元半径内,空间的匹配完整度和正确度均达92%以上,基本能够满足提取精度要求。

(2)不同期海岸线数据的变化分析往往需要变化前后岸段的准确匹配对应关系。本研究引入单链曼延编号的思想,提出了一种快速匹配的方法,实现了海岸线变化的有序匹配,总结了位置变迁、类型转移、新增和消失等变化类型的判断公式,设计了变化岸段匹配记录表和海岸线变化统计表两种变化信息存储表,建立新旧岸线之间的对应关系,方便空间数据的管理与维护。相较于人工逐条匹配需花费大量时间和人力,自动化匹配方法大大提升了操作效率和匹配准确率。

(3)海岸带地表覆盖信息准确分类是海岸带变化分析的基础。基于高分辨率遥感影像的面向对象分类方法通过将特征近似的相邻像素合并成影像对象,使分类的基本单元由原来只具有光谱特征的像素,变为同时包含光谱、形状、纹理、相邻关系等特征的对象,使得自动分类效率更高。本研究将面向对象的分类方法引入海岸带地表覆盖分类,探讨了影像最佳分割尺度的计算方法、分类特征提取与优化方法以及不同分类器的效果差异。实践证明,支持向量机的运算速度和分类精度总体较高,分类结果较为稳定。

(4)深度学习在遥感图像信息提取和分类上的优势显著。在海岸带典型要素提取中,本研究尝试利用通用的 YOLO 和 U-net 网络架构来实现风力发电站、养殖水面和红树林的信息提取,风力发电站的提取精度最高,但红树林和养殖水面受限于样本数量、影像清晰度等问题,模型并未取得理想的效果。

(5)我国大陆岸线资源环境背景和经济社会发展阶段不同,海岸线的开发利用情况的空间差异显著。本研究从岸线长度结构、位置属性变化、分形维数、变化速率、稳定性和开发利用负荷等多视角,对我国大陆岸线 2000—2015 年的变化进行全方位的考量。这 15 年间,我国大陆岸线长度增加 1716 km,结构上呈现出"人工岸线剧增、自然岸线锐减"的特征;基于剖面的分析显示,北方岸线向海推进速度和程度超过了南方地区,主要集中在山东、天津、辽宁,每年向海推进的最大速度已超过 1 km/a。15 年间,中国大陆岸线约有 30% 被开发利用,且以重度开发为主,相比而言,北方岸线承受的开发利用负荷更大。

(6)我国海岸带区域经济活跃,地表利用方式变化多端。地表覆盖信息变化分析是研究海岸带区域人类活动的重要抓手。在高分辨率遥感影像支持下,本研究探究了 2015—2018 年我国大陆和海南岛沿海省(区、市)县域范围内地表覆盖时空变化规律。这三年间,约有 10% 的地表覆盖发生类型转化。海岸带地表覆盖总体上呈现出"自然地表面积减少、人工地表面积扩大"的变化趋势。2018 年,全国沿海省(区、市)县域房屋建筑区占沿海省(区、市)县域陆域地表总面积的 7.4%,房屋建筑密度随海岸线距离增加呈现"先增后降"的趋势。不同沿海省份的房屋建筑属性差异显著,海南省沿海房屋建筑的度假属性特征明显,福建、广西、辽宁、山东、天津、浙江的沿海房屋建筑兼具生产、生活、旅游度假等综合功能,广东、河北、上海的沿海房屋建筑的生产生活功能属性更强。

(7)在高分辨率遥感影像支持下,本研究选择了四种海岸带土地利用特色方式(养殖池、风力发电站、光伏发电站、红树林),开展 2015—2019 年我国大陆和海南岛海岸带典型要素的变化分析研究。结果发现,2019 年我国大陆和海南岛海岸带范围内养殖池面积 68.47% 集中分布在广东、山东、江苏、辽宁四省,且四年间总面积变化不大。2019 年我国大陆和海南岛海岸带范围内风力发电站数量共计 10870 座,72% 的风力发电站集中在江苏、山东、广东、福建四省,总数量相比 2015 年共增加了 3548 座,其中江苏、广东、河北、福建增加明显。2019 年我国大陆和海南岛海岸带范围内的光伏发电站面积共计 122.29 km^2。约 80% 集中在江苏、浙江、广东、山东、天津五省(市),四年间总面积翻了约两倍,除江苏和福建外,其余省份的光伏发电站面积增幅明显。2019 年海南岛红树林总面积为 50.48 km^2,主要集中分布在海口市、文昌市、儋州市,其中 58.08% 分布在自然保护区内。四年间各市(县)红树林面积都略有增长,但增长速率缓慢,同时仍有少量破坏红树林来挖塘养殖和建设的行为。

8.2　展望

8.2.1　遥感技术展望

应用需求是推动遥感技术不断发展的驱动力,未来遥感卫星系统将围绕精准化、便捷化、大众化的要求向智能化方向转变;在传统航空航天遥感技术持续进步的同时,无人机遥感以其灵活机动的数据获取方式将呈现井喷式的发展;伴随着大数据技术的兴起,遥感大数据分析技术的发展已蓄势待发。

当前的遥感卫星都是通过综合平衡多种要素以设置固定的成像参数,卫星一旦发射和投入使用,成像参数不能灵活调整,从而无法针对不同的应用需求提供最优的遥感观测数据。另外,现有遥感卫星任务链主要由地面任务规划、遥感数据星上存储、星地数传和地面接收处理等环节组成,信息获取链条长,严重影响了遥感卫星的使用时效。综上,需要构建具有星上成像参数自动优化、星上信息快速处理和下传能力的"智能型"遥感卫星系统。相比于传统遥感卫星,智能遥感卫星系统主要包括两方面核心关键技术(张兵,2011):一是遥感成像参数自适应调节技术,二是星上数据实时处理与信息快速生成技术(Yang et al.,2015)。智能遥感卫星系统不仅具有差异性数据的获取功能,而且具备智能化的信息感知能力;不仅能够按需获取针对性的高质量数据,还能够在数据采集的同时实时生产信息,便捷化地服务于普通大众用户。人们可以像使用 GPS 一样随时用手机接收智能遥感卫星下传的高个性化、高时效性的信息,从而大大推进遥感技术的大众化和商业化发展。

近年来,随着无人机技术和传感器小型化技术不断取得了新的突破,无人机遥感系统呈现井喷式发展模式,它具有成本低、灵活机动、实时性强、可扩展性大和云下高分辨率成像等突出特点,根据预测 2017 年全球无人机的产量将接近 300 万架。无人机系统种类繁多,在尺寸、重量、航程、飞行高度、飞行速度等多方面都有较大差异,既有如美国的全球鹰和中国的翼龙-Ⅱ等大型无人机系统,也有美国研制的重量不到 0.6 kg 的 Nano-Hyperspec 系统。无人机系统也可以挂装几乎所有种类的主动和被动遥感载荷,微软的 UFO 相机一次飞行可获取全色、彩色、近红外以及倾斜影像数据。展望未来,无人机群的协同应用、机上数据的实时云端处理、物联网的融入等都将使无人机遥感迎来更大的发展机遇。

自适应遥感成像是指可以面向不同应用需要进行遥感器成像模式的自适应优化,实时处理与信息分发是指可实现遥感数据的边获取边处理以及信息从卫星直接快速分发给终端用户。

2007 年 1 月,图灵奖获得者吉姆·格雷在"科学方法的一次革命"演讲中提出了科学研究的第四类范式:数据密集型科学发现——大数据(Hey et al.,2009;Schönberger et al.,2013)。大数据既是一类数据,更是一项包含"对数据对象的处理行为"的信息挖掘与应用技术(Chi et al.,2015;Stewart et al.,2012)。遥感大数据具有典型的"5V"特征,即体量巨大(Volume)、种类繁多(Variety)、动态多变(Velocity)、冗余模糊(Veracity)和高内在价值(Value)。近年来,天地一体化对地观测技术发展为开展遥感大数据分析提供了超高维度和超高频次的地球表层系统多样化辅助认知数据。传感网、移动互联网和物联网飞速构建起了强大的数字采集和网络发布能力,它们将数百千米上空运行的卫星和一个个地面行走的传感设备紧密地联系在了一起,而深度学习和人工智能科技的发展更为遥感大数据分析插上了腾飞的翅膀,它将引发一场遥感领域前所未有的革命。

8.2.2　图像处理技术展望

视觉是我们重要的感知能力之一,由于我们的视觉有着天然的局限性,虽然我们看起来可以毫无费力去感知世界,也能感知事物的变化,但是我们其实并不能对事物的内在信息进行有效获取,这会严重影响整个视觉场景。随着信息技术的发展,为了强化我们的视觉能力,加强了对图像识别技术的分析,解决了"变化盲视"等多种问题。相关的研究发展,图像识别技术在图像信息处理中的有效应用,不仅可以保障信息处理的有效性,还可以帮助技术人员能够发现图像处理中的问题,帮助人们记录视力范围内发生的事情。

经过了几十年的发展,数字图像处理技术在遥感领域的重要性愈发增强。但目前数字图像处理技术面临着几个问题制约其发展，一是图像处理精度的提高对运行速度的依赖性很大，二是图像在压缩过程中保真以及大小中间的平衡问题，三是图像分割需要大量的概率理论支持。图像技术未来的发展方向要提高硬件的速度，一方面是要提高计算机的运行速度，另一方面要提高 A/D 的转换速度。加强对硬件芯片的研究，对于遥感技术来说，芯片的小型化、微型化对其任务的选择以及运行寿命都有着重要的意义。将图像处理软件直接在芯片上运行，可以有效地提高工作效率。

　　图像数据的压缩，目前图像压缩的标准有好几个，进一步加强对压缩技术的研究，有利于图像的传输，能够获得更大的信息量。立体化研究，目前图片是二维的，未来的研究方向是通过数字图像处理技术将这些二维的图片转换成三维立体的，可以更为直观地提供所需要的信息。新理论新算法的研究，图像处理技术经过这么多年的发展，引入了大量的新理论新算法，比如 Morphology、Wavelet 等。

　　图像识别技术具有信息获取和信息利用等多种优势，它在图像处理中的有效应用，能够在完善处理方案的同时保证信息处理的准确性。遥感技术与数字图像处理技术的联系十分紧密，数字图像处理技术广泛应用于遥感技术，未来的遥感技术随着图像技术的提高，可以更精确地提取出我们需要的信息，更好地提供服务。

参考文献

曹宝,秦其明,马海建,等,2006. 面向对象方法在SPOT5遥感图像分类中的应用[J]. 地理与地理信息科学,22(2):46-54.

国家海洋局908专项办公室,2005. 海岸带调查技术规程[M]. 北京:海洋出版社.

韩凝,张秀英,王小明,等,2009. 基于面向对象的IKONOS影像香榧树分布信息提取研究[J]. 浙江大学学报(农业与生命科学版),35(6):670-676.

苏伟,李京,陈云浩,等,2007. 基于多尺度影像分割的面向对象城市土地覆盖分类研究[J]. 遥感学报,11(4):521-530.

徐涵秋,2005. 基于压缩数据维的城市建筑用地遥感信息提取技术[J]. 中国图像图形学报,10(2):223-229.

张兵,2011. 智能遥感卫星系统[J]. 遥感学报,15(3):415-431.

张春晓,侯伟,刘翔,等,2010. 基于面向对象和影像认知的遥感影像分类方法[J]. 测绘通报,4(11):11-14.

张学儒,刘林山,张镱锂,等,2010. 基于ENVI ZOOM面向对象的高海拔灌丛植被提取——以定日县为例[J]. 地理与地理信息科学,26(4):104-109.

张云,张建丽,李雪铭,等,2015. 1990年以来中国大陆海岸线稳定性研究[J]. 地理科学,35(10):1288-1293.

CARRANZA-GARCIA M, GARCIA-GUTIERREZ J, RIQUELME J, 2019. A framework for evaluating land use and land cover classification using convolutional neural networks[J]. Remote Sensing,11(3):274-278.

CHI M, ANTONIO J P, JON A, et al, 2015. Forward to the special issue on big data in remote sensing[J]. IEEE Journal of Selected Topics in Applied Earth Observations and Remote Sensing,8(10):4607-4609.

DELLEPIANE S, LAURENTIIS R D, GIORDANO F, 2004. Coastline extraction from SAR images and a method for the evaluation of the coastline precision[J]. Pattern Recognition Letters,25(13):1461-1470.

DESELEE B, BOGAERT P, DEFOUMY P, 2006. Forest change detection by statistical object-based method[J]. Remote Sensing of Environment,102:1-11.

HEY T, TANSLEY S, TOLLE K, 2009. The Fourth Paradigm: Data-Intensive Scientific Discovery[M]. Microsoft Research.

JOHANSEN K, COOPS N C, GERGEL S E, et al, 2007. Application of high spatial resolution satellite imagery for riparian and forest ecosystem classification[J]. Remote Sensing of Environment,110:29-44.

LACKNER M, CONWAY T M, 2008. Determining land-use information farmland cover through an object-oriented classification of IKONOS imagery[J]. Canadian Journal of Remote Sensing,34:77-92.

LALIBERTE A S, RANGO A, HAVSTAD K M, et al, 2004. Object-oriented image analysis for mapping shrub encroachment from 1937 to 2003 in southern New Mexico[J]. Remote Sensing of Environment,93:198-210.

LI B, SU W, WU H, et al, 2019. Further exploring convolutional neural networks' potential for land-use scene classification[J]. IEEE Geoscience and Remote Sensing Letters (99):1-5.

MEYER M, HARFF J, GOGINA M, et al, 2008. Coastline changes of the Darss-Zingst peninsula: a modelling approach[J]. Journal of Marine Systems,74(46):S147-S154.

ROBINSON E, 2004. Coastal changes along the coast of Vere, Jamaica over the past two hundred years: data from maps and air photographs[J]. Quaternary International,120:153-161.

RONNEBERGER O,FISCHER P,BROX T,2015. U-Net:Convolutional networks for biomedical image segmentation[R]//In:Navab N,Hornegger J,Wells W,Frangi A(eds). Medical Image Computing and Computer-Assisted Intervention-MICCAI 2015. MICCAI 2015. Lecture Notes in Computer Science,9351. Springer, Cham.

SCHÖNBERGER V M,CUKIER K,2013. Big data:A revolution that will transform how we live,work,and think[M]. Houghton Mifflin Harcourt.

STEWART I D,OKE T R,2012. Local climate zones for urban temperature studies[J]. Bulletin of the American Meteorological Society,93(12):1879-1900.

TIGNY V,OZER A,DE FALCO G,et al,2007. Relationship between the evolution of the shoreline and the posidonia oceanica meadow limit in a sardinian coastal zone[J]. Journal of Coastal Research,23(3):787-793.

YANG B,YANG M,ANTONIO P,et al,2015. Dual-mode FPGA implementation of target and anomaly detection algorithms for real-time hyperspectral imaging[J]. IEEE Journal of Selected Topics in Applied Earth Observations and Remote Sensing,8(6):2950-2961.

ZHAO P,YUN F F,ZHENG L G,et al,2005. Cart-based land use/cover classification of remote sensing images[J]. Journal of Remote Sensing,9(6):708-716.

ZHAO S,LIU X,DING C,et al,2019. Mapping Rice Paddies in Complex Landscapes with Convolutional Neural Networks and Phenological Metrics[J]. GIScience & Remote Sensing,57(1):1-12.

ZORAN M,ANDERSON E,2006. The use of multi-temporal and multispectral satellite data for change detection analysis of the Romanian black sea coastal zone[J]. Journal of Optoelectronics and Advanced Materials, 8(1):252-256.